科技部重点研发计划"蓝色粮仓"科技创新 重大科技成果 | 稻渔工程丛书
江西省现代农业(特种水产)产业技术体系

稻渔工程
——稻田养蛙技术

丛 书 主 编　洪一江

本 册 主 编　简少卿　赵大显

本册副主编　吴　娣　胡蓓娟

本册编著者（按姓氏笔画排序）

王军花　王海华　刘文舒　吴　娣　吴春林

张万昌　陆艳霞　陈　俊　赵大显　胡火根

胡蓓娟　侯玉洁　洪一江　黄培荧　曹　烈

曾柳根　简少卿　颜　冬

中国教育出版传媒集团

高等教育出版社·北京

内容简介

本书主要介绍了稻田养蛙技术,包括稻蛙品种介绍、稻蛙综合种养田间工程、蛙苗种繁育、稻蛙综合种养管理、蛙类病害防控、蛙的起捕运输、稻蛙综合种养实例和稻蛙综合种养营销推广等八章内容,详细阐述了各方面的技术环节和经营机制。

本书以理论为基础,强调与生产实践紧密结合,注重技术方法的介绍和模式分析,是一部有实际应用价值的参考书,适合于从事农田生产和水产养殖的技术人员和管理人员学习与参考,亦可作为高校农学与水产相关专业实践类教材,以及水产科技人员的培训教材。

图书在版编目(CIP)数据

稻渔工程.稻田养蛙技术/简少卿,赵大显主编.
--北京:高等教育出版社,2022.11
(稻渔工程丛书/洪一江主编)
ISBN 978-7-04-059221-4

Ⅰ.①稻⋯ Ⅱ.①简⋯ ②赵⋯ Ⅲ.①水稻栽培②稻田-蛙类养殖 Ⅳ.①S511②S966.3

中国版本图书馆CIP数据核字(2022)第146792号

Daoyu Gongcheng: Daotian Yangwa Jishu

| 策划编辑 | 吴雪梅 | 责任编辑 | 高新景 | 特约编辑 | 郝真真 |
| 封面设计 | 贺雅馨 | 责任印制 | 赵义民 | | |

出版发行	高等教育出版社	咨询电话	400-810-0598
社 址	北京市西城区德外大街4号	网 址	http://www.hep.edu.cn
邮政编码	100120		http://www.hep.com.cn
印 刷	北京中科印刷有限公司	网上订购	http://www.hepmall.com.cn
开 本	880mm×1230mm 1/32		http://www.hepmall.com
印 张	4.625		http://www.hepmall.cn
插 页	1	版 次	2022年11月第1版
字 数	140千字	印 次	2022年11月第1次印刷
购书热线	010-58581118	定 价	26.00元

本书如有缺页、倒页、脱页等质量问题,请到所购图书销售部门联系调换
版权所有 侵权必究
物 料 号 59221-00

《稻渔工程丛书》编委会

主　编　洪一江

编　委（按姓氏笔画排序）

王海华　刘文舒　许亮清　李思明　赵大显

胡火根　洪一江　曾柳根　简少卿

数字课程（基础版）

稻渔工程
——稻田养蛙技术

丛书主编　洪一江
本册主编　简少卿　赵大显

稻渔工程——稻田养蛙技术

《稻渔工程——稻田养蛙技术》数字课程与纸质图书配套使用，是纸质图书的拓展和补充。数字课程包括彩色图片、稻蛙种养技术规程等，便于读者学习和使用。

用户名：　　　　密码：　　　　验证码：　　　　5360　忘记密码？　登录　注册

http://abook.hep.com.cn/59221

扫描二维码，下载Abook应用

序

　　中国稻田养鱼历史悠久，是最早开展稻田养鱼的国家。早在汉朝时，陕西和四川等地就已普遍实行稻田养鱼，至今已有 2 000 多年历史。现今知名的浙江青田"稻渔共生系统"始于唐朝，距今也有 1 200 多年历史。光绪年间的《青田县志》载："田鱼，有红、黑、驳数色，土人在稻田及圩池中养之。"青田"稻渔共生系统" 2005 年被联合国粮农组织列为全球重要农业文化遗产，也是我国第一个农业文化遗产。然而，直至中华人民共和国成立前，我国稻田养鱼基本上都处于自然发展状态。中华人民共和国成立后，在党和政府的重视下，传统的稻田养鱼迅速得到恢复和发展。1954 年第四届全国水产工作会议上，时任中共中央农村工作部部长邓子恢指出"稻田养鱼有利，要发展稻田养鱼"，正式提出了"鼓励渔农发展和提高稻田养鱼"的号召；1959 年全国稻田养鱼面积突破 6.67×10^5 hm^2。1981 年，中国科学院水生生物研究所倪达书研究员提出了稻鱼共生理论，并向中央致信建议推广稻田养鱼，得到了当时国家水产总局的重视。2000 年，我国稻田养鱼面积发展到 1.33×10^6 hm^2，成为世界上稻田养鱼面积最大的国家。进入 21 世纪后，为克服传统的稻田养鱼模式品种单一、经营分散、规模较小、效益较低等问题，以适应新时期农业农村发展的要求，"稻田养鱼"推进到了"稻渔综合种养"和"稻渔生态种养"的新阶段和新认识。2007 年"稻田生态养殖技术"被选入 2008—2010 年渔业科技入户主推技术。2017 年，我国首个稻渔综合种养类行业标准《稻渔综合种养技术规范　第 1 部分：通则》（SC/T 1135.1—2017）发布。2016—2018 年，连续 3 年中央一号文件和相关规划均明确表示支持稻渔综合种养发展。2017 年 5 月农业部部署国家级稻渔综合种养示范区创建工作，首批 33 个基地获批国家级稻渔综合种养示范区。至 2020 年，全国稻渔综合种养面积超过 $2.53 \times 10^6 \ hm^2$。2020 年 6 月 9 日，习近平总书记考察宁夏银川贺兰县稻渔空间乡村生态观光园，了解稻渔种养业融合发展的创新做法，指出要注意解决好稻水矛盾，采用节水技术，积极发展节水型、高附加值的种养业。

为促进江西省稻渔综合种养技术的发展，在科技部、江西省科技厅、江西省农业农村厅渔业渔政局的大力支持下，在科技部重点研发计划"蓝色粮仓科技创新"重大专项"井冈山绿色生态立体养殖综合技术集成与示范"、国家贝类产业技术体系、江西省特种水产产业技术体系、江西省科技特派团、江西省渔业种业联合育种攻关等项目资助下，2016 年起，洪一江教授组织南昌大学、江西省水产技术推广站、江西省农业科学院、江西省水产科学研究所、南昌市农业科学院、九江市农业科学院、玉山县农业农村局等专家团队实施了稻渔综合种养技术集成与示范项目，从养殖环境、稻田规划、品种选择、繁育技术、养殖技术、加工工艺以及品牌建设等全方位进行研发和技术攻关，形成了具有江西特色的稻虾、稻鳖、稻蛙、稻鳅和稻鱼等"稻渔工程"典型模式。该种新型的"稻渔工程"是以产业化生产方式在稻田中开展水产养殖的方式，以"以渔促稻、稳粮增效"为指导原则，是一种具有稳粮、促渔、增收、提质、环境友好、发展可持续等多种生态系统功能的稻渔结合的种养模式，取得了良好的经济、生态和社会效益。

作为中国稻渔综合种养产业技术创新战略联盟专家委员会主任，2017 年，我受邀在江西神农氏生态农业开发有限公司成立江西省第一家稻渔综合种养院士工作站，洪一江教授的团队作为院士工作站的主要成员单位，积极参与和开展相关技术研究，他们在江西省开展了大量"稻渔工程"产业示范推广工作并取得了系列重要成果。例如，他们帮助九江凯瑞生态农业开发有限公司、江西神农氏生态农业开发有限公司先后获得国家级稻渔综合种养示范区称号；

首次提出在江西南丰县建立国内首家中华鳖种业基地并开展良种选育；首次提出"一水两治、一蚌两用"的生态净水理念并将创新的"鱼－蚌－藻－菌"模式用于实践，取得了明显效果。他们在国内首次提出和推出"稻－鱼－蚌－藻－菌"模式应用于稻田综合种养中，成功地实现了农药和化肥使用大幅度减少60%以上的目标，对保护良田，提高水稻和水产品质量，增加收入具有重要价值。以南昌大学为首的科研团队也为助力乡村振兴提供了有力抓手，他们帮助和推动了江西省多个地区和县市的稻渔综合种养技术，受到《人民日报》《光明日报》《中国青年报》、中央广播电视总台、中国教育电视台等主流媒体报道。南昌大学"稻渔工程"团队事迹入选教育部第三届省属高校精准扶贫精准脱贫典型项目，更是获得第24届"中国青年五四奖章集体"荣誉称号，特别是在人才培养方面，南昌大学指导的"稻渔工程——引领产业扶贫新时代"项目和"珍蚌珍美——生态治水新模式，乡村振兴新动力"项目分别获得中国"互联网＋"大学生创新创业大赛银奖和金奖。

获悉南昌大学、高等教育出版社联合组织了江西省本领域的知名专家和具有丰富实践经验的生产一线技术人员编写这套《稻渔工程丛书》，邀请我作序，我欣然应允。

本丛书有三个特点：第一，具有一定的理论知识，适合大学生、技术人员和新型职业农民快速掌握相关知识背景，对提升理论和实践水平有帮助；第二，具有明显的时代感，针对广大养殖业者的需求，解决当前生产中出现的难题，因地制宜介绍稻渔工程新技术，以利于提升整个行业水平；第三，具有前瞻性，着力向业界人士宣传以科学发展观为指导，提高"质量安全"和"加快经济增长方式转变"的新理念、新技术和新模式，推进标准化、智慧化生产管理模式，推动一、二、三产业融合发展，提高农产品效益。

本丛书内容基本集齐了当今稻渔理论和技术，包括稻渔环境与质量、稻田养鱼技术、稻田养虾技术、稻田养鳖技术、稻田养蛙技术和稻田养鳅技术等方面的内容，可供水产技术推广、农民技能培训、科技入户使用，也可作为大中专院校师生的参考教材，希望它能够成为广大农民掌握科技知识、增收致富的好帮手，成为广大热爱农业人士的良师益友。

谨此衷心祝贺《稻渔工程丛书》隆重出版。

中国科学院院士、发展中国家科学院院士
中国科学院水生生物研究所研究员
2022 年 3 月 26 日于武汉

前　言

　　长期以来，由于人类过量施用农药、化肥和滥捕蛙类，导致农田生态被严重破坏，田间蛙类近乎绝迹，农耕成本也随之上升，以至人们再难见到诗中描绘的那种"稻花香里说丰年，听取蛙声一片"的美好自然景象。稻田养蛙即是利用稻与蛙的这种自然共生关系，充分发挥稻与蛙的互利作用，把水稻种植与蛙类养殖有机结合，具备优质高产、低耗高效的生态学特点和增产增收经济效果，符合现代循环农业发展趋势。稻田养蛙技术作为新型"稻渔工程"的主要推广模式之一，在有效促进自然资源的良性循环利用，提升水土资源利用率，提高农业生产综合效益，减少农业面源污染等方面发挥重要作用，是实现农业产业绿色、低碳、优质、安全、高效发展的有效路径。

　　食用蛙是高蛋白、低脂肪、膳食营养价值较高的食品原料，深受人们欢迎。在禁止捕获黑斑蛙野外种群的背景下，人工养殖技术在经历了活饵养殖、饲料培育阶段，特别是进入稻田养蛙阶段后日渐成熟。但大部分养殖户尚未真正掌握核心养殖技术，养殖仍处于模仿和盲目跟风阶段，对养殖关键技术不清晰，亟待出台成熟的蛙类养殖行业技术标准、科技成果转化及专业书籍指导。

　　稻田养蛙脱胎于稻田养鱼，但与传统稻田养鱼有重要区别，除了技术水平的提升，重点打造符合产业化的现代农业发展方向。其中，规模化是产业化发展的基础，只有在规模经营的基础上，才可能实现区域化发展、标准化生产、产业化运营和社会化服务。"十三五"以来，江西创建集成并示范推广了稻虾、稻鱼、稻鳖、稻鳅和稻蛙等稻渔综合种养技术模式，其中稻蛙养殖面积和产量均位居全国第二。通过实施稻渔综合种养产业发展项目，广大种养户、生产经营主体和从业者充分认识到，打造稻渔综合种养产业必须把苗种繁育、综合种养、流通运输、加工贸易、餐饮消费、休闲文旅等集于一体进行全产业链开发，才能为促进乡村产业振兴注入动力、添加活力。

本书的编写分工如下：第一章由张万昌、侯玉洁、陈俊编写，第二章由简少卿、曹烈、陆艳霞编写，第三章由简少卿、吴娣、刘文舒编写，第四章由赵大显、王海华编写，第五章由胡蓓娟、吴娣、曾柳根编写，第六章由赵大显、陈俊、黄培荧编写，第七章由洪一江、简少卿、胡火根编写，第八章由简少卿、王军花、颜冬编写，附录由简少卿、吴春林整理。本书在撰写过程中，参阅了部分国内外同行的研究成果，部分出处可能遗漏，在此表示真诚的歉意和谢意。

本书图片大多在江西省井冈山市老黄头生态农业科技有限公司、抚州市东乡区稻蛙源水稻种植专业合作社、宜春市奉新县新跃生态农业发展有限公司等基地取景，并得到了井冈山市科技局、抚州市农业科学院、宜春市农业农村局等单位的大力支持和帮助，在此一并表示诚挚的感谢。

《稻渔工程丛书》承蒙中国稻渔综合种养产业技术创新战略联盟专家委员会主任、中国科学院院士、发展中国家科学院院士、中国科学院水生生物研究所研究员桂建芳先生作序，编著者对此关爱谨表谢忱。

由于综合种养涉及面广，各地自然、经济、社会、文化、历史诸条件均具有差异，生产实践多而系统性深入性科学研究尚显不足。本书编著者们虽然坚持研究稻蛙综合种养技术十余年，但仍觉得有局限性和改进的空间，希望读者能提供宝贵意见和建议，共同促进我国农业生态种养产业的健康发展。

编著者

2022 年 5 月

目　录

第五章　蛙类病害防控 …………………………………… 60

第一章

稻蛙品种介绍

第一节 水稻品种

稻蛙综合种养中水稻品种应选择生长整齐、株形紧凑、茎秆粗壮、分蘖力中等、抗病抗虫、耐湿性强的中晚熟品种，以下介绍的4种水稻品种仅是近年来江西省主推的又适合稻蛙综合种养模式的品种，在实际生产中应当因地制宜，选择最适合本地区稻蛙综合种养模式的水稻品种。

一、中稻品种

（一）'全两优534'

1. 品种简介

该品种为籼型两系杂交水稻品种，符合国家稻品种审定标准，并通过了审定。

2. 特征特性

（1）植株 该品种适合在长江中下游进行种植，全生育期为131.5 d，比对照品种'丰两优四号'早熟1.7 d。株高126.7 cm左右，穗长26 cm左右，每公顷有效穗数为243万穗，每穗总粒数为203.1粒，结实率为86.2%，千粒重24.9 g。

（2）品质 整精米率为65.3%，垩白度为4.6%，直链淀粉含量为14.9%，胶稠度为66 mm，碱消值为6.2级，长宽比为3.1，达到农业行业标准《食用稻品种品质》（NY/T 593—2002）三级。

（3）抗性 稻瘟病综合指数两年分别为3.9、3.6，穗颈瘟损失率最高级5级，白叶枯病5级，褐飞虱7级。易感褐飞虱，中感稻

1

瘟病、白叶枯病，进入抽穗期后具有较强的耐热性。

3. 产量表现

该品种在2017年参加长江中下游中籼迟熟组联合体区域试验，平均每公顷产量为9 456.15 kg，比对照品种'丰两优四号'增产3.02%；2018年续试，平均每公顷产量为9 692.10 kg，比'丰两优四号'增产3.19%；两年区域试验平均每公顷产量为9 574.05 kg，比'丰两优四号'增产3.11%；2019年参加生产试验，平均每公顷产量为10 170 kg，比'丰两优四号'增产9.00%。

4. 种植要点

（1）适时播种　该品种的播种期一般可以安排在4月下旬至5月中旬，在大田内播种的用种量为15 kg/hm²，在秧田内播种的用种量为150 kg/hm²，秧苗进入2叶1心期后需要喷施适量的多效唑，以培育多蘖壮秧。

（2）适时移栽　秧龄达到30 d左右便可移栽，栽插规格为16.7 cm×26.7 cm，每穴可栽插2株苗。

（3）科学施肥　氮、磷、钾肥应配合使用，施肥时需要重施底肥，早施分蘖肥，巧施穗肥，中后期应增施钾肥，一般情况下应施用纯氮210 kg/hm²，氮磷钾肥施用的比例为10∶50∶9。

（4）水分管理　浅水插秧，寸水返青，薄水分蘖，深水孕穗、扬花，及时晒苗，后期干湿交替，切忌过早断水。

（5）病虫害防治　后期注意防治稻飞虱和稻曲病，确保丰产增收。

5. 适宜种植地区

该品种适合作一季中稻种植在江西、湖北（武陵山区除外）、湖南（武陵山区除外）、安徽、江苏的长江流域稻区以及浙江中稻区、福建北部稻区、河南南部稻区的稻瘟病轻发区。

（二）'徽两优898'

1. 品种简介

该品种是籼型两系杂交水稻，由安徽荃银高科种业股份有限公司、安徽省农业科学院水稻研究所用'1892S'בYR0822'选育而来，并由安徽荃银高科种业股份有限公司申请品种审定，于2015年9月2日经第三届国家农作物品种审定委员会第六次会议审定通过，审定编号为国审稻2015028。

2. 特征特性

（1）植株 该品种适合在长江中下游作一季中稻种植，全生育期为133.6 d，比对照品种'丰两优四号'早熟2 d，其株高为107.9 cm左右，穗长为23.8 cm左右，每公顷有效穗数为264万穗，每穗总粒数为189.7粒，结实率达到83.8%，千粒重达到23.5 g。

（2）品质 整精米率为59.6%，长宽比为3.2，垩白粒率为12%，垩白度为1.9%，胶稠度为78 mm，直链淀粉含量为13.0%。

（3）抗性 稻瘟病综合指数为2.8，穗颈瘟损失率最高级5级，白叶枯病5级，褐飞虱9级，进入抽穗期后具有中等耐热性。高感褐飞虱，中感稻瘟病、白叶枯病。

3. 产量表现

该品种在2012年参加长江中下游中籼迟熟组区域试验，平均每公顷产量为9 222.0 kg，比'丰两优四号'增产3.4%；2013年续试，平均每公顷产量为9 385.5 kg，比'丰两优四号'增产4.0%；2014年参加生产试验，平均每公顷产量为9 361.5 kg，比'丰两优四号'增产7.0%。

4. 种植要点

（1）适时播种 该品种一般适合在4月底至5月初进行播种，在秧田中的用种量不可超过225 kg/hm²（稀播育壮秧）。

（2）适时移栽 秧龄达到25~30 d即可移栽，移栽适宜密度为22.5万穴/hm²，每穴可栽插1~2株苗。

（3）科学施肥 基肥需要施足，一般可每公顷施225 kg左右的纯氮，之后需要早施分蘖肥，适时追施穗肥，施肥时需要将氮、磷、钾肥配合施用。

（4）水分管理 浅水栽秧，寸水保苗，返青后干湿交替促分蘖，抽穗扬花期需要保持稻田内有浅水层，种植后期忌断水过早。

（5）病虫害防治 种植期间注意防治稻曲病等病害，发病后要及时对症下药。

5. 适宜种植地区

该品种适合作一季中稻种植在江西、湖南（武陵山区除外）、湖北（武陵山区除外）、安徽、浙江、江苏（长江流域稻区）、福建北部、河南南部等地方。

二、晚稻品种

（一）'晶优1068'

1. 品种简介

该品种是'晶A'בR1068'（'象牙香占'/'桂99'）杂交选配的杂交晚稻组合，由江西科源种业有限公司和广西百香高科种业有限公司共同选育。审定编号为赣审稻20200043。

2. 特征特性

（1）植株 该品种的全生育期为119.7 d，比对照品种'天优华占'早熟2.4 d。株高111.3 cm左右，株型适中，剑叶长直，叶色淡绿，长势繁茂，分蘖力强，秆尖无色，熟期转色好。每公顷有效穗数为322.5万穗，穗长23.2 cm左右，每穗总粒数为180.3粒，实粒数为149.0粒，结实率为82.6%，千粒重为19.7 g。

（2）品质 出糙率为81.3%，精米率为70.6%，整精米率为63.1%，粒长6.6 mm，粒型长宽比为3.9，垩白粒率为4%，垩白度为0.8%，直链淀粉含量为14.1%，胶稠度为60 mm，碱消值为6.0级，米质达行业标准1级。

（3）抗性 穗颈瘟损失率最高级9级，高感稻瘟病。

3. 产量表现

该品种在2018—2019年参加江西省水稻区试，其中2018年平均每公顷产量为9055.35 kg，比对照品种'天优华占'增产0.25%，增产不显著；2019年平均每公顷产量为9 475.05 kg，比'天优华占'增产 3.63%，增产不显著。两年平均每公顷产量为 9 265.20 kg，比'天优华占'增产 1.69%。

4. 种植要点

（1）适时播种 该品种一般适宜在 6 月 20 日左右进行播种，在秧田中的用种量为 150～225 kg/hm²，在大田中的用种量为 18.75～22.50 kg/hm²。

（2）适时移栽 秧龄达到 20～25 d 即可移栽，栽插规格为 16.67 cm×20.00 cm 或 20.00 cm×20.00 cm，每穴可栽插 2～3 株苗。

（3）科学施肥 施足基肥，早施追肥，中后期根据稻苗的生长情况补施穗粒肥，后期需要严格控制氮肥的施用量，纯氮的施用量一般为 165～180 kg/hm²，氮、磷、钾肥的施用比例为 1.0∶0.5∶1.0。

（4）水分管理 浅水移栽，寸水返青，干湿交替促进分蘖；够苗晒田，有水灌浆，干湿壮籽，收割前 7 d 断水。

（5）病虫害防治 根据当地农业部门发出的病虫害预报，及时使用对应药物对稻瘟病、稻飞虱、稻纵卷叶螟等病虫害进行防治。

5. 适宜种植地区

该品种适宜种植在江西省内的稻瘟病轻发区。

（二）'泰优 98'

1. 品种简介

该品种由江西现代种业股份有限公司选育，属于籼型三系杂交水稻。

2. 特征特性

（1）植株 该品种全生育期为 118.3 d，比对照品种'岳优 9113'迟熟 1.3 d。株高 100.9 cm 左右，株型略散，剑叶挺直，长势繁茂，分蘖力强，有效穗多，秆尖无色，熟期转色好。每公顷有效穗数为 334.5 万穗，穗长 21.6 cm 左右，每穗总粒数为 125.5 粒，实粒数 104.3 粒，结实率为 83.1%，千粒重 23.4 g。

（2）品质 出糙率为 80.1%，精米率为 69.7%，整精米率为 53.3%，粒长 7.4 mm, 粒型长宽比为 3.7, 垩白粒率为 17%, 垩白度为 2.2%, 直链淀粉含量为 19.8%, 胶稠度为 50 mm, 米质达国优 3 级。

（4）抗性　穗颈瘟损失率最高级 9 级，高感稻瘟病。

3. 产量表现

该品种在 2012—2013 年参加江西省水稻区试，其中 2012 年平均每公顷产量为 7 910.40 kg，比对照品种'岳优 9113'增产 0.43%；2013 年平均每公顷产量为 8 301.15 kg，比'岳优 9113'增产 3.92%。两年平均每公顷产量为 8 105.85 kg，比'岳优 9113'增产 2.18%。

4. 种植要点

（1）适时播种　该品种一般适合在 6 月 25 日至 6 月 30 日进行播种，在秧田中的用种量为 150 ~ 225 kg/hm^2，在大田中的用种量为 22.5 ~ 30.0 kg/hm^2。

（2）适时移栽　秧龄一般达到 20 d 左右即可移栽，塑盘育秧时，当秧苗进入 3.1 ~ 3.5 叶期后便可抛栽，湿润育秧时，秧苗进入 4.5 ~ 5.0 叶期后便可移栽；栽插规格为 16.67 cm × 16.67 cm 或 16.67 cm × 20.00 cm，每穴可栽插 2 株苗。

（3）科学施肥　重施底肥，底肥一般需要占总施肥量的 70% ~ 80%，移栽 5 ~ 6 d 后结合施用除草剂，每公顷施 150 ~ 225 kg 尿素、75 ~ 150 kg 氯化钾。

（4）水分管理　稻田内保持干湿相间，以促进分蘖；有水孕穗，干湿交替，以达到壮籽的目的，后期不可过早断水。

（5）病虫害防治　根据当地农业部门发出的病虫害预报，及时做好稻瘟病、稻飞虱、二化螟、稻纵卷叶螟等病虫害的防治工作。

5. 适宜种植地区

该品种适宜种植在江西省内的稻瘟病轻发区。

第二节 蛙 品 种

一、养殖蛙类品种

1. 牛蛙

牛蛙（*Rana catesbeiana*）鸣叫声洪亮酷似公牛，故称牛蛙，俗名美国水蛙。属于两栖纲、无尾目、蛙科、林蛙属，是一种大型食用蛙，其肉质细嫩，味道鲜美，营养丰富，具有一定的药用价值，是目前我国从国外引进养殖的主要蛙种。其个体硕大，生长快，产量高，个体重可达 1 kg 以上，最大可达 2 kg。牛蛙生性好动，善跳跃，怕惊扰，属于大型水栖型中的静水生活型蛙种。其背部及两侧和腿部皮肤颜色一般呈深褐色或黄绿色，有虎斑状横纹，腹部呈灰白色，有暗灰色斑纹。

2. 美国青蛙

美国青蛙（*Rana grylio*）又名沼泽绿牛蛙、猪蛙或猪鸣蛙。属于两栖纲、无尾目、蛙科、蛙属。其体形与一般青蛙相似，个体比本地青蛙大，但比牛蛙略小，一般个体重在 400 g 以上，最大可达 1.2 kg；耐寒力较牛蛙强，适应性广，性情温和，不怕惊扰，不善于跳跃，易防逃，易管理，生长速度快，是继牛蛙后我国从国外引进的又一大型食用蛙种类。其蛙体扁平，头小巨扁，鼓膜不发达，眼小突出，前肢较小，后肢粗大发达，背部呈浅绿色或绿褐色，上有点状斑纹，腹部呈灰白色，背部有明显纵沟。

3. 虎纹蛙

虎纹蛙（*Hoplobatrachus chinensis*）俗称水鸡、青鸡、虾蟆、田鸡等。属于两栖纲、无尾目、叉舌蛙科、虎纹蛙属，其个头长得魁梧壮实，雄蛙体长 66~98 mm，雌蛙体长 87~121 mm，体重可达 250 g 左右，有亚洲之蛙之称。虎纹蛙属于水栖型，分布广、数量多，是我国常见的较大型经济蛙种，在我国南北方均有分布。虎纹蛙背部有黄绿色、深绿色或灰棕色的虎皮花纹，皮肤上也有明显的黑斑，这一点可以和黑斑侧褶蛙进行区别。

4. 东北林蛙

东北林蛙（*Rana dybowskii*）俗称哈士蟆、黄蛤蟆、油蛤蟆、红肚田鸡等。属于两栖纲、无尾目、蛙科、林蛙属。东北林蛙是我国重要的特种经济蛙种，主要分布在东北三省，生活在近水的草丛中，属于陆栖型中草丛生活型蛙种。东北林蛙头部扁平，四肢较细长，体长 70～80 mm；鼓膜圆，鼓膜部有三角形黑褐色斑；体背多为土黄色，一般在疣上散有深色的斑点；背褶在鼓膜上方斜向外侧弯曲。其行动敏捷，跳跃力强。

5. 棘胸蛙

棘胸蛙（*Quasipaa spinosa*）俗称石鸡、棘蛙、石鳞、石蛙、石蛤等。属于两栖纲、无尾目、叉舌蛙科、类棘蛙属，是中国特有的大型野生蛙。棘胸蛙形似黑斑侧褶蛙，但比黑斑侧褶蛙粗壮肉肥。全身披灰黑色，皮肤粗糙，背部有许多疣状物，多成行排列而不规则。棘胸蛙常栖息于水流较缓的山溪瀑布下或山溪岸边石上或石下，属于水栖型中营流水生活的蛙种。主要分布在我国南方，是较大型的野生食用蛙种，目前已开展人工养殖。

6. 黑斑侧褶蛙

黑斑侧褶蛙（*Pelophylax nigromaculatus*）俗称黑斑蛙、青蛙、青鸡、青头蛤蟆、田鸡等。属于两栖纲、无尾目、蛙科、侧褶蛙属，是中国南岭山脉以北稻田区的常见蛙类。它们有分布广、数量多、适应性强、繁殖快、用途广、易采集等优点，是中国经济价值较大的蛙类资源。其背面皮肤较粗糙；体背面颜色多样，有淡绿色、黄绿色、深绿色、灰褐色等，杂有许多大小不一的黑斑纹，如果体色较深，黑斑不明显，多数个体自吻端至肛前缘有淡黄色或淡绿色的脊线纹。

二、蛙的生活习性

蛙为水陆两栖动物，其生活史大致可分为 5 个不同阶段，即卵期、蝌蚪期、变态期、幼蛙期和成蛙期。蛙后代的繁殖与幼体的孵化过程必须在水中完成，成体则需要生活在近水的潮湿环境中。

1. 生活环境

（1）温度 蛙是变温动物，其体温会随着所处环境温度的改变而变化，且其生活习性具有非常规律的季节性。其生长最适温度为25～28℃。冬季温度降低至5℃以下，蛙开始挖洞冬眠；春季，当外界温度升至10℃以上时，成体的蛙便结束冬眠；夏季是其活动的鼎盛期，一天之中均可捕食猎物，但因白天温度较高，一般藏匿于草丛、农作物间或水塘边，夜间活动尤为活跃，但当夏季温度升高至32℃以上时，蛙有夏眠现象，温度过高也会导致死亡现象；秋季，外界气温降至14℃以下时，蛙进入冬眠状态。它们通常在树根、石块、洞穴或泥土中进行冬眠，有的个体则选择沉入水塘或湖泊底部的淤泥中。冬眠期间，蛙主要靠体内积蓄的糖和脂肪来维持生命。为此，每年秋末，在蛙冬眠前，需要给其投喂蛋白质含量较高的饵料，增加其体内脂肪，使其储备热量，利于安全越冬，提高成活率。

（2）湿度 蛙的繁衍方式是体外受精、体外发育，幼体生存在水中，需要保障水源的存在；成蛙的结构和机能只初步适应陆地生活，皮肤需要保持湿润状态以进行辅助呼吸，从而弥补由于肺结构简单所造成的呼吸不足。为此，保证各生长阶段所需要的水环境，蛙才能很好地生存繁衍。蛙喜欢生活在水草丛生的湖泊、沟渠、池塘、稻田、江河、沼泽及岸边的草丛中。白天常将身体浸在水中，头部露出水面，只有在环境合适时才上岸栖息，晚上上岸跳跃觅食。

（3）光照 蛙有躲避强光的反应，白天喜欢在草丛中，以躲避强光，晚上外出觅食。但蛙的生长需要光照，长期在黑暗处生活，其繁殖能力会受到很大影响。

2. 摄食习性

（1）食物种类 在蝌蚪时期，食物以水中细菌、浮游生物、小型原生动物、水生昆虫、水生植物以及一些有机碎屑为主；在人工饲养条件下，蝌蚪还取食豆饼、麦麸、鱼肉、动物内脏、专用配合饵料的粉料等。蝌蚪经过 20 d 左右生长，就可以变态成为幼蛙，这时它会一改过去杂食习性，变为捕食活体动物，尤其喜食小型动物（如蚯蚓、昆虫、小鱼、小虾、螺、蚬等）。成蛙食物以捕食昆虫为主，大部分为对农业有害的昆虫，也捕食一些环节动物、软体动物等。

（2）捕食方式　刚孵出的蝌蚪依靠卵黄囊提供营养，3～4 d 后蝌蚪的口张开，其捕食方式主要为滤食，食物随呼吸水流进入蝌蚪口中被鳃耙过滤后吞食，全天取食；成蛙的捕食方式属于袭击性的方式，首先匍匐不动，当发现食物后，跳起接近同时伸出含有黏液的舌捕捉昆虫；在水中，蛙也可直接用下颌和口捕捉猎物。经过驯化的蛙可以配合取食人工饵料，其捕食活动在傍晚最为活跃。

3. 繁殖习性

蛙类为雌雄异体动物，在外观上存在一定差异，可以根据鼓膜后是否有声囊，第一趾基部是否有婚垫来判别雌雄，在繁殖期这些差别会更加明显。蛙繁殖期一般在 3 月下旬至 4 月，繁殖是通过雄蛙的鸣叫吸引雌蛙进行的，若雌蛙被吸引，接着雄蛙跳到雌蛙背上进行抱对交配，然后从泄殖孔排出精卵在水中受精。发育 5～10 d 后孵化出蝌蚪，其时间长短与温度关系较大，一般适宜温度在 20～26℃，在此范围内温度越高孵化时间越短，过高或过低会导致胚胎停止发育或畸变。正常发育的蛙大概经过 1～2 年达到性成熟，南北方大概会有数月差异。

三、蛙所需的营养

蛙在生长发育过程中，需要蛋白质、脂肪、糖类、维生素和无机盐 5 类营养物质。

1. 蛋白质

蛋白质是蛙机体的构成成分之一，细胞分裂、酶和激素的生理功能都与蛋白质有密切关系。蛙对蛋白质的需要量与其生长发育阶段、个体大小、年龄、环境条件及养殖方式和技术等有关。一般来说，蝌蚪对蛋白质的需要量低于成蛙和幼蛙，这与其食性特点相吻合。蛙变态发育后，个体幼小的蛙潜在的增重能力强，对蛋白质的需要量较成熟个体高。据有关研究报道，幼蛙对蛋白质的需要量比陆生动物高，比肉食性鱼类低，与杂食性鱼类相近，最适范围为30.9% ~ 37.3%。

构成蛋白质的氨基酸有 20 多种，其中赖氨酸、蛋氨酸、胱氨酸、苏氨酸、异亮氨酸、组氨酸、缬氨酸、亮氨酸、精氨酸、苯丙氨酸、甘氨酸等 11 种氨基酸是蛙不能自己合成的，又是其生长和发育所必需的，必须从饵料中获取。一般地说，动物性饵料中氨基酸的组成比较齐全，而植物性饵料中氨基酸的组成不齐全，缺乏蛙所必需的氨基酸。

2. 脂肪

脂肪广泛存在于蛙体内各组织中，尤其是脂肪体中，是蛙营养物质的一种贮存形式。其中，脂肪体中贮存的脂肪在蛙的繁殖和冬眠过程中对维持其体温有着重要作用。脂肪在蛙体内分解、利用的过程中，可形成至少 7 种垂体激素及其他内分泌腺所分泌的各种物质。因此，脂肪对蛙的生长与繁殖是必不可少的营养物质。一般饵料中所含的粗脂肪可满足蛙的需要。

3. 糖类

糖类是蛙热能的主要来源。淀粉和各种单糖、多糖易于被蛙消化、吸收、利用。蝌蚪肠道中有纤维素酶，能将纤维素分解为单糖并加以利用，而变态后的蛙因缺乏纤维素酶，不能利用纤维素。蛙饵料中淀粉的适宜含量为 7.82%。

4. 维生素

绝大多数维生素是辅酶和辅基的基本成分，是蛙生命活动必不可少的。蛙体内缺乏某种维生素便会造成某些酶的活性失调，导致新陈代谢紊乱，从而影响蛙某些器官的正常机能，而引发某些营养不良疾病。由于各种维生素的作用不同，在新陈代谢中所起的作用也不同，所以缺乏不同的维生素所产生的疾病也就不同。例如，蛙的烂皮病就是因为饵料中长期缺乏维生素 A；缺乏维生素 E 的蛙会发生肌肉萎缩、后肢麻痹等病症。

5. 无机盐

无机盐是构成蛙机体组织的重要成分之一，是维持机体正常的生理机能不可缺少的物质，也是酶系统的重要催化剂。缺乏无机盐类就会产生许多明显的缺乏症。例如，缺乏钙、磷，蛙就会发生软骨症。以前蛙养殖多采用天然饵料，即便采用人工配合饵料也只是作为天然饵料的补充，因此，对其适宜的营养成分配比知之甚少。如果完全采用人工配合饵料，则不仅蛋白质、氨基酸、淀粉含量要适宜，而且还要注意脂肪、各种无机盐和维生素的含量配比合理。

四、蛙的经济价值

1. 食用价值

蛙肉质细嫩、营养丰富、味道鲜美、口感极佳，其脂肪和糖分含量均低，富含蛋白质、钙、磷、铁、维生素 A、B 族维生素、维生素 C，以及肌酸、肌肽等营养成分。明朝李时珍《本草纲目》中记载："南人食之，呼为田鸡，云肉味如鸡也。"蛙是上等的绿色食品。

2. 药用价值

蛙同样也是集食品、保健品、药品于一身，即药食同源的药用动物。据《东北动物药》记载，"青蛙鲜用或阴干行用，可全体入药"，有"利水消肿、解毒止咳"之功效，能"治水肿、喘咳、麻疹、月经过多等病"。其成体的胆、肝、脑、皮均可供药用。《本草图经》《本草纲目》《中药大辞典》《中药药名大辞典》《中国医学大辞典》《实用中草药大全》《中国动物药志》《中药现代研究荟萃》等 20 余种中医药书籍上均对蛙的药用价值有所记载。

蛙的机体中含有多肽类、多种维生素、生物激素、酶和保湿因子。两栖动物国际拯救组织专家泰莱教授认为，蛙能造福人类，因为它们的外皮含有对付疾病的化合物，包括抗菌和抗病毒物质，可从蛙皮中提炼出的药物几乎是无限的，利用蛙有望研制出大量的新药。

3. 工业价值

蛙皮质地坚韧、柔软、光滑、富有弹性，且有多彩的花纹，可作为制作高级手套、钱包、弹性领带、皮鞋、刀鞘及高档乐器配件的上等原料。蛙头和内脏可干燥粉碎后制成动物性饲料。

4. 生态价值

蛙的主要食物是各种昆虫，特别是危害农作物的各种害虫。据统计，每只蛙每天可捕螟蛾、稻苞虫、蝗虫、蝼蛄、叶蝉等农作物害虫60余只，每年能捕食1万多只，是保护农作物的忠诚"卫士"。大规模人工养殖蛙时，可通过灯光和其他手段诱虫，以消灭或减轻农作物的虫害，而且能大大减少农药用量，既节省农药开支，又可极大地减轻农药对环境的污染。蛙被视为环境卫生质量精准的晴雨表或指示器。环境因素也可能导致全球两栖动物数量下降；滴滴涕类杀虫剂分解后的污染物，会严重破坏两栖动物的生殖能力。

5. 科研价值

蛙是水陆两栖动物，在其生命周期中，要经过卵期、蝌蚪期、变态期、幼蛙期、成蛙期5个阶段，这有别于其他水生动物。因其易于人工繁殖，生长周期短，成本较低，适合暂养和运输，是进行动物学、医学等科学研究的理想活体材料。

五、养殖蛙的办证程序

野生蛙属于国家保护动物，不得随意捕捉、运输、买卖和宰杀，这与其他水产品养殖是完全不同的。所以蛙养殖者必须持有工商营业执照、野生动物驯养繁殖许可证和野生动物经营利用许可证，三证齐全者才能从事蛙的养殖生产。例如，想要在湖北省境内从事蛙养殖，依据《中华人民共和国野生动物保护法》《中华人民共和国陆生野生动物保护实施条例》《湖北省实施〈中华人民共和国野生动物保护法〉办法》《湖北省人民政府关于加强森林资源保护管理坚决制止乱砍滥伐林木、乱捕滥猎野生动物的通知》要求，蛙养殖人员必须到当地县级以上林业或水产行政主管部门的野生动物保护站，凭已经登记注册的工商营业执照，申请办理湖北省非国家重点保护野生动物驯养繁殖许可证和湖北省非国家重点保护野生动物或其产品经营利用许可证后，才可以从事蛙的养殖生产和产品销售。其他地域的情况也是类似的。

（一）工商营业执照的注册

养殖蛙并从事经营活动，需要到当地的工商部门办理营业执照（因个人或企业为经营主体的要求不同，具体情况养殖户需要先到当地野生动物保护站咨询），再到行业行政主管部门（农业农村局、林业和草原局）的野生动物保护站办理相关行政许可。在工商部门办理营业执照时，可以办理为个体工商户、个人独资企业或有限公司，经营范围表述为养殖和销售蛙等。

（1）办理个体工商户营业执照要件 ①身份证复印件；②登记照1张；③房屋产权证明、租赁合同或无偿提供说明等，无法提供房产证的，要到房屋所在地的村委会或居委会开具产权证明；④相关表格。请持①～③项所列资料到当地工商管理部门领取并填写相关表格，以办理个体工商户核名、设立登记。

（2）办理个人独资企业营业执照要件 ①投资人、财务负责人、联络员身份证复印件；②房屋产权证明、租赁合同或无偿提供说明等，无法提供房产证的，要到房屋所在地的村委会或居委会开具产权证明；③相关表格。请持①②项所列资料到当地工商管理部门领取并填写相关表格，以办理个人独资企业核名、设立登记。

（3）办理有限公司营业执照要件 ①投资人主体资格证明（如身份证复印件）；②董事、监事、总经理身份证复印件；③财务负责人、联络员身份证复印件；④经办人身份证复印件；⑤房屋产权证明、租赁合同或无偿提供说明等，无法提供房产证的，要到房屋所在地的村委会或居委会开具产权证明；⑥股东决定或股东会决议；⑦公司章程；⑧相关表格。持上述资料到当地县级以上行政服务中心的工商管理部门领取并填写相关表格，以办理有限公司的核名、设立登记。

（二）驯养繁殖许可证的办理

1. 申请主体资格条件

（1）工商部门核发的工商营业执照（各地要求不同，可不作为办理许可证的必需条件）。

（2）有适宜驯养繁殖野生动物的固定场所和必需的设施。

（3）具备与驯养繁殖野生动物种类、数量相适应的资金、技术和人员。

（4）驯养繁殖野生动物的种源合法，饵料来源有保证。

有以下情形之一的可不准予行政许可：①野生动物来源不明；②驯养繁殖尚未成功或技术尚未过关；③野生动物资源少，不能满足驯养繁殖种源要求。

2. 提交材料和要求

（1）申请书。

（2）评审表。

（3）证明申请人身份的有效证件或材料。

（4）与申请驯养繁殖的野生动物种类、规模相适应的固定场所，以及必需的设施、资金储备和固定资产投入、饲养人员技术能力等证明文件及相关照片。

（5）驯养繁殖野生动物的种源证明（已取得驯养繁殖许可证需要申请增加驯养繁殖野生动物种类的，需要提交原有驯养繁殖的野生动物种类、数量和健康状况的说明材料，以及已经取得的驯养繁殖许可证复印文件和相关批准文件）。

（6）相应的资金和专业技术人员的证明材料。

（7）开展申请驯养繁殖野生动物的可行性研究报告或总体规划（申办野生动物园的驯养繁殖许可证的还需要附有省级林业主管部

门批准立项文件）。

3. 驯养繁殖许可证审批步骤

（1）向县级林业主管部门提出申请　养殖主体先要到工商管理部门注册工商营业执照，再到主管部门提交申请报告，格式如下：

关于请求办理野生动物驯养繁殖许可证的申请报告

××林业局：

本公司拟定于××年××月开始在××地养殖蛙，共租赁土地××hm²，筹集资金×万元，种苗从××蛙养殖基地引进，饵料采用专用蛙人工颗粒饵料，已基本具备了养殖蛙的资金、技术、基础设施条件。为了更好地壮大发展，合法经营，按照《中华人民共和国野生动物保护法》《中华人民共和国陆生野生动物保护实施条例》和《××省实施〈中华人民共和国野生动物保护法〉办法》的规定，特申请办理野生动物驯养繁殖许可证，请予以审批。

申请人：××公司

××年××月××日

附件包括：①经营场地照片；②生产资金证明；③种源来源证明；④技术人员资格证明；⑤公司法定代表人身份证复印件。

（2）县级林业主管部门实地勘查　县级林业主管部门的相关部门会在5个工作日内，组织工作人员到申请人提供的养殖场地现场勘查，并写出核查意见，申请人所提交材料经全部核实后，会在3~5个工作日完成审批并颁发相关证件。

（三）经营利用许可证的办理

养殖主体即养殖公司获得非国家重点保护野生动物驯养繁殖许可证后，接着要及时办理本省非国家重点保护野生动物或其产品经营利用许可证。

1. 受理条件

养殖主体必须遵守国家相关法律法规，接受林业主管部门的监督管理。主要业务人员具备相关野生动物养殖专业水平。具有固定的专业交易市场、经营场所和设施设备。所养品种具备合法来源渠道，以人工驯养繁殖资源为主。具备与经营利用相适应的资金和技术人员。

2. 提交材料和要求

（1）申请书。

（2）工商营业执照。

（3）提交野生动物经营利用许可证申请表。

（4）证明申请人身份的有效文件或材料。

（5）固定场所的产权或租赁合同。

（6）证明陆生野生动物或其产品合法来源的有效文件和材料。

（7）实施的目的和方案，包括实施的种类、数量、地点、经营利用方式、责任人等。

向主管部门提交的申请报告格式如下：

关于请求办理野生动物或其产品经营利用许可证的申请报告

××林业局：

本公司拟定于××年××月开始在××地养殖蛙，并已办理非国家重点保护野生动物驯养繁殖许可证，已基本具备了养殖蛙的资金、技术、基础设施条件。为了更好地壮大发展，合法经营，按照《中华人民共和国野生动物保护法》《中华人民共和国陆生野生动物保护实施条例》和《××省实施〈中华人民共和国野生动物保护法〉办法》的规定，特申请办理野生动物或其产品经营利用许可证，请予以审批。

申请人：××公司

××年××月××日

附件包括：①非国家重点保护野生动物驯养繁殖许可证；②经营场地照片；③生产资金证明；④种源来源证明；⑤技术人员资格证明；⑥公司法定代表人身份证复印件。

需要特别注意的是：各地办理蛙养殖"三证"的要求和程序可能不完全一致，养殖户应遵守当地行政主管部门的规定守法生产和经营。

第二章

稻蛙综合种养田间工程

第一节 基 地 选 择

随着先进科学技术在养殖业中的普遍应用，养殖业逐步趋近现代化和科学化，很多传统养殖方法逐渐被新型的科学养殖方法取代，如蛙的养殖技术就得到了很大的进步，从传统池塘养殖到稻田生态种养，中间经过了无数人的探索和实验，结合了众多新型科学方法，才有了现在的养殖模式。这种稻蛙综合种养模式不仅可以消灭虫害，而且会产生大量有机肥，每公顷稻田可节省碳铵 150 kg、磷肥 25 kg、钾肥 15 kg，从而大大节约肥料成本，实现良性循环。稻田养蛙是最好的生态友好型养殖模式，不仅可以保护生态环境，还可以获得良好的经济效益，因此发展前景十分广阔。

一、稻田条件

良好的稻田条件是获得高产、优质、高效的关键之一。稻田是蛙的生活场所，是它们栖息、生长、繁殖的环境，许多增产措施都是通过稻田水环境作用于蛙，所以稻田环境条件的优劣，对于蛙的生存、生长和发育，有密切的影响。良好的环境不仅直接关系蛙产量的高低，而且关系从事稻田养蛙的生产者能否获得较高的经济效益，同时对稻田综合种养的长久发展有着深远的影响。

总的来说，养殖蛙的稻田，既不能受到污染，又不能污染环境，还要方便生产经营，要交通便利且具备良好的疾病防治条件。在场址的选择上，一般选择水质良好、水量充足、周围没有污染源、保水能力强、排灌方便、不易被洪水淹没的田块进行稻田养蛙，面积 0.33 ~ 6.67 hm^2 均可。一般以 1.33 hm^2 为 1 个种养单元，主要目的是扩大蛙的生存空间和便于机械化作业。

二、蛙沟修筑

选中的稻田 1/2 ~ 2/3 的面积种稻，其余面积可建造养殖区，以方便进行饵料喂养，二者之间筑一条水沟，为蛙沟。这是科学养蛙的重要技术措施，可保证养殖水质，提供蛙两栖环境，为蛙提供一个适宜的回避场所。沿稻田田埂内侧或在田中开挖宽 1.5 ~ 2.0 m、深 0.4 ~ 0.5 m 的蛙沟，并经常清理使沟水保持畅通。每块稻田田埂四周的蛙沟上设置 3 ~ 4 个食台，作为蛙休息和投喂的场所，食台高出蛙沟 3 ~ 5 cm。

三、田埂修筑

利用蛙沟中挖出的泥土加宽、加高、夯实田埂，保持田埂高度高出稻田平面 0.3 m 以上，埂底宽 0.8 ~ 1.0 m，顶部宽 0.3 ~ 0.4 m，且不渗水、不漏水。蛙沟与稻田交接处筑一条高宽各 0.25 m 的小田埂。稻田的田埂应适当加宽、加高，田埂的高度以能保持水深 6 ~ 15 cm 为宜。在稻田周围设置防逃围栏。防逃围栏可用塑料网布两幅缝合而成，高度 1.5 m 以上，网布下端埋入土中 10 cm 以上，网布用木桩或竹桩支撑起来并加以固定。围栏应采用专业 40 目或 60 目养殖防逃网布材料或用砖砌成围墙，同时为防止蛙逃走，进排水口宜设塑料网纱，网目大小以能防蛙及蝌蚪逃出即可。

四、水源条件

水源是养蛙的先决条件之一。蛙适应性强，既能在水中生活，又能在陆地上短时间生活。因此，蛙养殖场的水源最好是江、河、湖水，或者是水库的水，由于水体比较大，水质和温度变化幅度都相对小，另外，还可以选用水质良好的地下水或山泉水作为水源。在选水源的时候，供水量一定要充足，不能缺水，包括蛙的养殖用水、水稻生长用水及工人生活用水，确保雨季水多不漫田、旱季水少不干涸、排灌方便、无有毒污水和低温冷浸水流入；另外，水源不能有污染，水质良好、清新，符合饮用水标准。在养殖前，一定要先观察养殖场周边的环境，不要建在污染源附近，也不要建在有工业污水注入区的附近，因为这些污染物极有可能造成蛙的大量死亡。

五、水质条件

蛙养殖的水质规范可参照渔业用水标准，溶解氧含量应在 3.5 mg/L 以上，pH 为 6.8 ~ 8.0，盐度最好不要高于 0.2%。发现水中有寄生虫时要及时泼洒生石灰进行杀菌消毒，水质不好容易导致蛙疾病发作，最常见的一些蛙疾病如蝌蚪烂尾病、红腿病、歪头病、白内障等，目前很多养殖户认为只需要在养殖过程中定期使用消毒剂就能根绝病菌，此法虽能起到防止病菌滋生的效果，但会增加养殖成本。如果水质好，养殖过程中病害的发生就会相对减少，用药量也会减少，从而会使养殖成本降低。

六、土壤条件

养蛙时，除水质要求外，土壤条件也十分重要，这是因为土壤的性质决定蛙池的保水性能。在养殖前，要充分调查当地的地质、土壤、土质状况。一是场地土壤未被传染病或寄生虫污染过；二是具有较好的保水、保肥、保温能力，还要有利于浮游生物的培养和增殖。不同的土壤和土质对养蛙的建设成本和养殖效果影响很大。根据生产的经验，养蛙的稻田土质要肥沃，有腐殖质丰富的淤泥层，以弱碱性、高度熟化的壤土最好，黏土次之，沙土最劣。由于黏性土壤的保持力和保水力强、渗漏力小、渗漏速度慢、干涸后不板结，因此这种稻田是可以用来养蛙的。而矿质土壤、盐碱土，以及渗水、漏水、土质瘠薄的稻田均不宜养蛙。沙质土或含腐殖质较多的土壤，保水力差，在进行田间工程尤其是做田埂时容易渗漏、崩塌，也不宜选用。

七、养殖密度

为追求利益最大化，高密度养殖已成业内常态。在养蛙过程中，如果蛙类的数量长期超过稻田所能承受的最大数量，不仅会增加平时的管理成本，还极易导致蛙类病害的传播。根据生产经验，许多养蛙过程中出现的疾害多与养殖密度过大有关。蛙的投放密度是目前需要重视的问题。在稻蛙共作综合种养模式的相关研究和实验中，虽然对蛙类投放数量有较为详细的叙述，但是养殖户在稻田的实际建设过程中，许多具体的因素都存在着不同程度的差异，如稻田中土地和水面所占的面积比、水体状况、地理条件等，所以不同养殖户要根据自身的实际情况来决定不同的蛙类养殖密度。在初期阶段，养殖户可以在多块稻田中进行蛙的投放密度梯度实验，以确定当前环境下养殖蛙的最适密度，虽然会影响早期的经济收益，但从长远角度来看，具有很好的可持续发展意义。

八、饵料来源

养殖场的饵料来源也是基地选择的考虑因素之一，养殖场最好应建造在专业蛙饵料工厂附近，或者是其他饵料比较丰富的地区，以便能诱集大量昆虫，供应大量浮游生物、螺类和黄粉虫等天然饵料；或者在该地区有丰富而廉价的生产饵料的原料及土地，如附近有供应畜禽粪的养牛场、养猪场、养鸡鸭场和产出下脚料的食品加工厂等，以便养殖池培育浮游生物、养殖蚯蚓和蝇蛆等。近几年，配方饵料和制粒技术的应用，更有利于养蛙，并且已经提升了经济收益。

基地还应该远离公路、工厂及喧闹的地方，因为靠近公路和工厂的地方容易受灰尘及有害微粒的影响，如蛙的烂皮病、蝌蚪的腹水等问题就与此有关。另外，过大的噪音会影响蛙的生长速度，拉长养殖周期，增加养殖成本。周边应避免有天敌养殖或有药物污染，还要满足水质良好，周围无工业废水、生活垃圾等污染；有可靠的电力供应保障；排灌方便，要求进水便利，排水顺畅，确保抗旱排涝；远离自然灾害频发的地方，选择环境较为僻静的地方。此外，还要预留发展空间，签订土地长期租赁合同，避免土地租赁纠纷，便于养殖。

第二节   田间工程建设

在蛙的养殖中，需要建设的主要设施大致有五种，即养蛙池、养殖辅助设施、排灌水利设施、防天敌防逃设施和食台。这是考虑蛙养殖的不同阶段所需，以及由日常养殖积累的经验整合的结果。

一、养蛙池

蛙和淡水鱼类的生长特点不同，蛙的发育过程存在变态期，因此需要根据生长特点调节水位的变化。标准化养殖池和育苗池的建造一定要有科学依据，不可单纯依据个人经验进行建造。稻蛙综合种养模式或遮阳棚模式下养出来的蛙，其品相、肤色、产量、个体大小、抗病能力等多方面截然不同。标准化养殖池的大小、孵化池的水温和水位调节等都必须因地制宜，因时制宜。

蛙养殖大体上可分为受精卵的孵化、蝌蚪的培育及成蛙养殖三个阶段，因此要建设相应的设施配备使用，分为种蛙池、孵化池、蝌蚪池、幼蛙池和成蛙池。在稻田养殖时，可将幼蛙池与成蛙池合并，以改造后的标准稻田作为蛙池使用，减少工程建设量。

种蛙池又称为产卵池，是用于饲养种蛙和供种蛙抱对、产卵的一种蛙池。由于种蛙抱对、产卵需要较大的水面活动空间，所以种蛙池的面积应较大些，一般种蛙池的面积以 $30 \sim 50 \text{ m}^2$ 为宜，便于观察和收集卵块，在实际建造时，种蛙池的设计应依照养殖规模和实际条件进行建造，但至少要保证每对种蛙能够有 1 m^2 左右的占水面积，便于种蛙抱对和产卵。种蛙池一般为土池或水泥池，如果采用养鱼池等作为种蛙池，在放进种蛙之前，要彻底清池，清除野杂鱼和其他品种的蛙等。此外，种蛙池与其他养殖池要设置隔离网。对种蛙池饵料投放台、进排水管道等设施的要求参考幼蛙池和成蛙池。规模较小的养殖场也可以不设立专门的种蛙池，而将成蛙池直接用作种蛙池和孵化池。

蛙卵在孵化期间对环境条件的反应敏感，又容易被天敌吞食，所以孵化池不必太大，可选择一块平整空地铺上地膜，水深 20~40 cm，大小不限，内置 60 目网片制作的网箱，规格为 1.5 m×4.0 m，用来放受精卵。孵化池可多设几个，具体数量依据种蛙的产卵数量而定，还要便于将不同时期产的卵分池孵化，也可以使用塑料筐加网布代替孵化池，这种方法便于操作，效果更好。不同时期（如相差 6 d 以上）产出的卵不可同池孵化，先孵化出来的蝌蚪会吞食未孵化的卵和孵化中的胚胎，所以要分池孵化。孵化池的进水口与排水口应设于相对位置，进水口的位置要高于排水口。排水口套设 40 目（孔径为 0.425 mm）的网布，以免排出蛙卵、胚胎或蝌蚪。孵化池要使用水泥池，因为水泥池壁面光滑，利于转移蝌蚪。土池会使下沉的卵被泥土覆盖，使胚胎窒息死亡，而且难以彻底转移蝌蚪，使用效果较差。

蝌蚪池用于饲养蝌蚪。蝌蚪池可以用土池也可以用水泥池，土池一般水体较大，水质比较稳定，培育出的蝌蚪个头也较大，但因管理难度大，敌害又多，成活率较低。水泥池便于操作和管理且成活率较高，但要注意池底宜铺一层约 5 cm 厚的泥土。土池要求池埂坚实不漏水，池底平坦并有少量淤泥。无论采用哪种蝌蚪池，池壁宜有较小的坡度，以便蝌蚪变态成幼蛙后爬上陆地。蝌蚪池中放一些水葫芦、水花生等水生植物，便于蝌蚪攀缘栖息。蝌蚪池上方需要搭建遮阳网，以减少强光直射。另外需要注意的一点是，蝌蚪池最好建造若干个，以便容纳不同时期的蝌蚪，以免出现大蝌蚪吞食小蝌蚪的现象，或者也可作小蝌蚪分池用。蝌蚪池的数量和大小应根据养殖规模来确定。为了便于统一管理，数个蝌蚪池可集中建设在同一地段，整齐排列。

实际养殖时，孵化池和蝌蚪池可共用同一蛙池，蛙卵在孵化池中孵化后直至变态为幼蛙前可一直不移池，出膜后的蝌蚪在原孵化池或网箱中培育，水面放养密度 600～800 尾 /m²。蝌蚪幼体刚移至池内时由于个体较小，游动能力弱，只保持沟内有水即可，水深 20 cm，每天早中晚 3 次投喂蛙专用粉料。70 d 左右，蝌蚪变态为蛙。

幼蛙池用于养殖蝌蚪变态后的幼蛙，不宜过大，以免在进行幼蛙选择和转移等操作时，管理困难。随着幼蛙的生长，水深需要逐渐加深。每个幼蛙池都要设置进水管和排水管，以便控制水位。幼蛙池用土池或水泥池。可根据实际养殖规模建造多个，以便视蛙发育情形，随时调整转移，做到大小分开饲养，避免出现同类相食的情况。在蝌蚪刚变态为幼蛙的这段时间，幼蛙主要靠吸收尾部营养，登陆栖息，靠肺呼吸，当大部分蝌蚪变成幼蛙时，便可移入幼蛙池饲养，此时逐渐降低水位至沟中有水。因幼蛙喜食活饵，在池中应设陆岛或食台，其上种一些遮阳植物或搭遮阳网，供幼蛙索饵、休息。池中陆岛上还可架设黑光灯诱虫，以增加饵料来源。

成蛙池即商品蛙养殖池，是蛙养殖场的主要部分，其建造可参照标准蛙池。整体结构上成蛙池与幼蛙池相仿，但面积上成蛙池要大一些。在实际养殖中，成蛙池可与幼蛙池通用，即幼蛙可在同一池养成至商品蛙。规模较大的蛙养殖场可多建造几个成蛙池，将不同大小、不同用途的蛙分池饲养，将食用成蛙与种用成蛙分开饲养。种蛙池与孵化池、幼蛙池应彼此相邻，便于观察和操作，还能提高蝌蚪成活率，这几种蛙池也可以通用。

在蝌蚪变态为蛙后，即可移入改造好的稻田中进行养殖，因此在稻田综合种养可不分幼蛙池和成蛙池，统归于标准蛙池中进行养殖，直至养殖成为商品蛙。

一般的标准蛙池以长 25 m，宽 8 m 为标准，分为陆地区、蛙沟、稻田三大部分，据池边四周各 1.8 m 处为陆地区，用以放置食

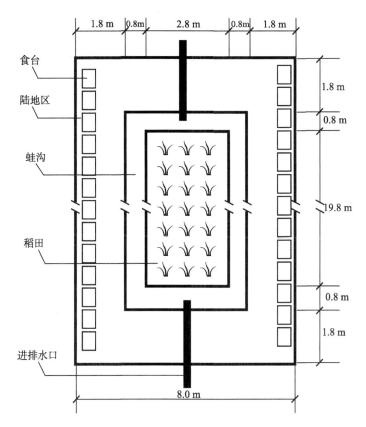

图 2-1　稻蛙综合种养模式图

台以及供蛙陆地活动（图 2-1）。食台的放置位置最好在蛙沟的左右两侧较长的一面，这样可以有足够的面积放置食台，便于蛙取食，以免由于场地限制蛙取食，影响成蛙品质。此外还能预留一定的空间供养殖人员检查养殖情况。

在陆地区与稻田之间要挖掘深 0.4～0.5 cm 的蛙沟，蛙沟内可饲养蚯蚓，利用其喜爱食用蛙的粪便这一特性，实现蛙粪的多元化利用，增强养殖系统的循环通路。另外还要在沟的四周埋设高 1.5 m 左右的水泥柱，围上高 1.2 m 的聚乙烯细目围网或 40 目左右的密眼网布，顶端做一个向内折的遮拦，防止蛙外逃。外围网的基部埋入地下 15~20 cm，网内须再用尼龙网围一层，以防蛙撞伤，同时对外来蛇、鼠也有防御作用。还可设置人行过道，但注意要比中间高30 cm 左右，在以后蝌蚪饲养时有助于扩大水面，增大蝌蚪的活动区域。

二、养殖辅助设施

为便于人员在养殖过程中能够及时掌握蛙的成长情况，对各种情况能够及时了解和解决，除了建造养蛙池外，还应建造相应的养殖辅助设施，供养殖人员使用。例如，在近路侧建立移动板房，以便存储饵料、放置生产工具和水质监测设备、捕捞设备和动力运输设备。

在土壤坚实干燥、通风良好的地方建造棚屋，作为饲养人员的住所，供饲养人员 24 h 看护休息使用。捕捞设备是指在蛙捕捞时用于节约劳动力、提高捕捞效率的辅助设备，主要有地拉网、地笼、手抄网等。动力运输设备指必要的备用发电机和厢式运输车，以便应对在电力短缺时的生产、生活需要，特别是在电力基础条件薄弱的地区，更应提前做好准备。

三、排灌水利设施

进排水系统是稻田养蛙非常重要的组成部分，进排水系统规划建设的好坏直接影响蛙养殖的生产效率和经济效益。在蛙池两边应预先埋设进排水管道，便于稻田的进排水，以保证养殖期间进排水畅通便捷。养殖时根据水温及蛙体大小，水深控制在 20~50 cm。进水口安装套袋，定期清理，防止各种垃圾进入养殖区以及蝌蚪养殖期混入泥鳅、黄鳝等野杂鱼类造成损失，最大限度降低带入有害物质的风险。同时应注意及时清除池内的水藻等各类水草。防止蝌蚪和幼蛙钻入其中，造成窒息而亡，还能避免对水稻生长产生影响，发现水草长势过旺时必须及时进行清除。对于大面积连续养殖稻田的进水总渠，在规划建设时应做到进排水渠道独立，严禁进排水交叉污染，防止蛙疾病传播。设计规划连片稻田进排水系统时，还应充分考虑稻田养殖区的具体地形条件，尽可能采取一级动力取水或排水，合理利用地势条件设计进排水自流形式，降低养殖成本。可采用高灌低排的格局，建好进排水总渠，做到灌得进、排得出，定期对进排水总渠进行整修、消毒。稻田的进排水口应用双层密网防逃，同时也能有效防止蛙卵、野杂鱼卵及幼体进入稻田危害幼蛙或蝌蚪；为了防止夏天雨季冲毁田埂，可以开设一个溢水口，溢水口也用双层密网过滤，防止蝌蚪趁机顶水逃走。

在传统的高密度养殖时，增氧设备是蛙养殖场必不可少的设备，对于提高养殖产量，增加养殖效益有着巨大的作用。并且养殖场地必须具备养殖废水处理设施，将养殖用水进行处理至达标后方可排放，而相对于普通养殖模式，稻蛙综合种养模式中产生的废水能够直接被稻田利用后进行循环利用或排放，省去了普通养殖模式下需要建造的养殖废水处理设施，增氧设备也从必须配备变成了可以增添，从经济效益考虑，成本更低，从社会效益上来讲，也更加生态更加环保，因此稻蛙综合种养模式近年来在全国多地受到大力推广，开展面积逐步扩大。

四、防天敌防逃设施

蛙养殖的天敌主要是蛇、鼠、白鹤、黄鳝、飞鸟，所以在改建场地的时候，必须要建设防天敌措施。蛙善于跳、爬、钻、游，而且有大蛙吃小蛙，小蛙吃蝌蚪的习性，因此，建设蛙养殖场不仅应在厂区四周设围栏，以防蛙逃逸和天敌入侵，而且幼蛙池、成蛙池和种蛙池的周围也应设置隔离网和防逃设施。

一是建好进排水系统。稻田的进排水口尽可能设在相对应的田埂两端，便于水均匀、畅通地流经整块稻田。在进排水口处安装坚固的栏栅，栏栅可用铁丝网、竹条、柳条等材料制成。栏栅应安装成圆弧形，凸面正对水流方向，即进口水弧形凸面面向稻田外部，排水口则相反。栏栅孔大小以不阻水、不逃蛙为标准，并用密眼铁丝网罩好，以防蛙逃跑。

二是由于蛙具有很强的跳跃能力，因此稻田四周最好构筑1.5 m左右的防逃设施。先将稻田田埂加宽至1 m，高出水面0.5 m以上；再用高1.8 m的网做成防逃设施，要求将网插入泥中20 cm左右且围护在田埂四周，每隔1 m用木桩固定；最后在网的最上面用农用薄膜或塑料布缝好，可以有效地防止蛙跳跃逃走，还能作为防止蛇、鼠等天敌进入养殖池内，造价低，防逃效果好。要经常检查围网设施是否完好，避免因围网设施出现漏洞造成损失。

除了使用围网以外，也可以使用砖墙作为蛙池的围墙，在以砖墙作为围墙时，一般地基为三七墙，地上部分二四墙即可，围墙顶的内侧要做宽10 cm的檐边，以确保防逃效果。砖制围墙可用石棉瓦或塑料瓦替代，但这两种材料建造的围墙互相衔接不紧密，易出现缝隙逃蛙的情况。无论建造何种围墙，均要开适当大小的门，以便人员出入投喂饵料和巡视。

此外，还要在所有池子上方距离地面2 m处架设铁丝架构的网格，网格下可供人自由穿行，便于工人操作管理，网格上铺设轻质防鸟网，以防止白鹭、鱼鹰、麻雀等天敌入侵袭击，影响蛙健康安全，还能防止对水稻田造成破坏。在建设好地上围网设施和空中防护设施后，便形成一套立体式防逃防天敌保护设施。

蛙养殖场地应该在秋冬季节进行建设，利用天寒地冻，太阳暴晒外加生石灰、漂白粉的消毒等方式除去稻田中残余的病菌和杂卵，保证清理蛙养殖中所有的天敌，大大降低蛙养殖期间的危险系数，避免对养殖户带来损失。

五、食台

目前采用最多的是整条食台、单个木框食台和以这两种为基础的改进型食台。整条食台，即两端固定，网布用钢丝穿起来，中间每隔数米用小木桩拉伸、张紧，具有简单易行、节省成本、可以快速铺好的优点，但幼蛙极易钻入食台网布下面，驯食效果较差，而且网布容易老化，整个食台缺少弹性，残饵增多。单个木框食台目前使用最广，具有弹性较大、饵料浪费较少、驯食容易等优点，特别适合土地规整的湖区稻田使用。改进型食台是根据养殖地的特点进行了适应性改进。

在进行精养时，还可在食台上方接通电源，安装节能灯，晚上可诱集飞蛾等昆虫，为蛙补充食源。食台左右两边可稀疏种植数棵大豆苗，长大后供其遮阳纳凉。大豆苗无须打理，全程不会生虫，蛙粪是有机肥料，可促其苗壮成长。由于投食量大，食台残饵多，要定期对蛙池、食台以及蛙消毒，消毒剂应选择较为温和无刺激的，如聚维酮碘、季铵盐络合碘等，避免对蛙造成刺激。

六、稻田消毒

稻田是蛙生活栖息场所，也是蛙病原的滋生场所。稻田环沟的消毒至关重要，基础、细节做得不扎实，就会增加养殖风险，甚至酿成严重的后果。

在利用稻田养蛙的生产中，一般提前 15 d 采用各种有效方法对稻田进行消毒，既可以有效地预防蛙的疾病，又能消灭水蜈蚣、水蛭、野生小杂鱼等敌害。在生产过程中常用的消毒药物有生石灰、漂白粉等。

七、养殖用水的处理

在稻田中大规模养蛙时，常常会涉及换水和加水，因此必须对养殖用水进行科学的处理。目前以物理方法对养殖用水进行处理是最好的，包括通过栏栅、筛网、沉淀、过滤、挖掘移走底泥沉积物，进行水体深层曝气，定时进排水等工程措施。

以上介绍的内容是针对稻田综合种养模式下的一些场地建设经验，事实上蛙养殖场的设计方式多种多样，应根据场地面积、环境条件、资金来源和产销等情况，因地制宜地设计蛙养殖场。不可完全照搬套用，避免因实际因素相差过多带来不必要的损失。

第三章

蛙苗种繁育

一、生活习性

前面已经介绍过蛙的生活习性，本章主要以黑斑侧褶蛙（以下简称黑斑蛙）为例讲述其苗种繁育。黑斑蛙喜群居，常常数只或数十只栖息在一起。在繁殖季节，黑斑蛙成群聚集在稻田、池塘的静水中抱对、产卵。白天黑斑蛙常躲藏在沼泽、池塘、稻田等水域的杂草中。黄昏后、夜间出来活动、捕食。一般 11 月开始冬眠，钻入向阳的坡地或离水域不远耐裂的砂壤土中，深 10~17 cm，在东北寒冷地区黑斑蛙可钻入沙土中 120~170 cm，翌年 3 月中旬出蛰。长达 4~5 个月时间处于冬眠状态。因此，引进种蛙就务必抢在其冬眠之前进行，即养殖的前一年。

3—7 月为黑斑蛙生殖季节，产卵的高峰期在 4 月。卵多产于秧田、早稻田或其他静水水域中，偶尔也在缓流水中产卵。每块卵有卵粒 2 000~3 500 粒，多浮于水面，卵径 1.7~2.0 mm。黑斑蛙一生需经过卵期、蝌蚪期、变态期、幼蛙期、成蛙期 5 个阶段。

二、人工繁殖

1. 种蛙的来源和选择

黑斑蛙属于国家Ⅱ级保护野生动物，养殖黑斑蛙必须有合法的种源（即蛙种出售方出具引种证明），黑斑蛙养殖场需要到相关部门办理准予手续，具体包括以下 6 种。

（1）养殖证　养殖证首先需要填写养殖申请表，提供相应的资质证明材料等待农业部门审核，审核通过，颁发养殖证。

（2）工商营业执照　一个正式的养殖场需要办理工商营业执照，工商营业执照需要的材料包括房屋产权证明（或租房合同）、验资报告等。

（3）税务登记证　如果养殖的蛙需要销售，养殖户还需要办理税务登记证。税务登记证可以在领取营业执照的 30 个工作日内申请领取。

（4）动物防疫条件合格证　开办养殖场，动物防疫条件合格证是必需的，该证由县级以上兽医管理部门审查颁发。

（5）野生动物驯养繁殖许可证　该证办理的流程比较复杂，向当地的县级以上林业主管部门申请。一般来说，养殖户不仅需要有种源来源证明和种源单位的经营利用许可证，同时还要有 5 万元以上的资金证明。

（6）经营利用许可证　黑斑蛙养殖场在办理好野生动物驯养繁殖许可证后，还要及时办理经营利用许可证，具体办理方法参考前文所述。

上述仅供参考，具体的程序要按照当地行政主管部门的要求。

黑斑蛙养殖讲究引种不引苗。引种就是引进良种，黑斑蛙的良种一般都具有以下几个明显的优点：高产性、稳定性、优质性、强抗逆性和广适性。选择一个好的良种，具有非常重要的意义。①良种能有效地提高养殖场的单位面积产量；②良种能有效改进蛙的品质；③良种具有较强的抵抗能力或耐性；④良种具有较强的适应性；⑤良种才能培养健壮苗种。

黑斑蛙引种可以分阶段进行，不同阶段引进的苗种质量有一定差别，常见的引种阶段是引进性成熟种蛙，也就是我们通常所说的亲蛙。种蛙是性成熟的个体，引进后就可以直接产卵，或者经过简单强化培育后，种蛙就可以抱对、交配、产卵了。另外，种蛙的繁殖率高，只要管理得当，一只种蛙多次繁殖可以孵化出两万尾左右蝌蚪，因此种蛙是引种最常用的手段。种蛙的优劣直接影响到繁殖效果，以及今后蝌蚪的发育变态和幼蛙的生长速度，所以引进种蛙前一定要考察。应就近引进黑斑蛙种蛙，以减少运输造成的应激反应。最好选择经过提纯复壮和远缘交配培育性状优良的种蛙。种蛙应是已驯化成功转变食性的黑斑蛙，从中筛选体大健壮无病无伤者，体重应该在 50 g 以上。健康的蛙肤色比较鲜亮。切不可用商品蛙做种蛙。两者之间的差别比较明显，一方面，商品蛙当年养殖当年出产，没有越冬经历，体质要差得多；另一方面，种蛙有专门的养殖池和养殖方法，其生长能力和繁殖能力要比商品蛙好得多。最好选择两年以上的种蛙。其中雄蛙婚垫（雄蛙第一趾基部有婚垫）明显（图 3–1），雌蛙腹围较大，轻压腹部两侧，手感富有弹性，甚至可以触到卵块或卵粒，有时可流出少量卵。

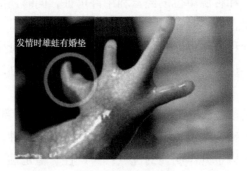

发情时雄蛙有婚垫

图 3–1   雄蛙婚垫

黑斑蛙的寿命一般为 5 ~ 6 年，最好在 9—10 月引进 2 年龄的雄性黑斑蛙和 3 年龄的雌性黑斑蛙，比例为 1：1，翌年 3 月左右蛙苏醒，到了清明前后就开始抱对产卵，这样种蛙能用 3 ~ 4 年，效益可做到最大化。千万不要在春季引进种蛙，繁殖期生长环境发生变化，种蛙受到惊扰，容易导致繁殖失败。

当然也可以由引进的蝌蚪养成达到性成熟的个体，从中挑选种蛙，这就需要在 3—4 月购进个体大、抗病力和适应性强的蝌蚪，养至 6 月，可变态成幼蛙，到了 9—10 月，既可作为商品蛙出售，也可挑选出种蛙，翌年抱对产卵，或者自养自繁种蛙。养殖户可根据自身情况做选择。种蛙运输前后分别用 15 ~ 20 g/L 的高锰酸钾溶液浸泡 15 ~ 30 min，远距离的运输要尽量避免受热和挤压，运输过程中间隔 2 h 采用一次淋水降温，环境温度控制在 20℃以下，温差不宜超过 5℃。

需要特别注意的是，黑斑蛙整个生长周期除了卵期要在孵化池里孵化外，其余的时间都是生活在蛙池中。因此可以按照蛙的生长周期的将稻田分为蝌蚪池、幼蛙池、成蛙池，专田专用。一方面可以减少生产时人力和物力的浪费，另一方面可以防止大蛙吃小蛙现象的发生。

2. 种蛙饲养

黑斑蛙对环境要求较高，生存环境的好坏，对蛙的健康和繁殖能力影响极大，也直接影响抱对产卵、受精、孵化率和蝌蚪的成活率。因为种蛙的特殊用途，建议将种蛙固定在种蛙田中精养，条件允许的话，专门选取安静的稻田作为种蛙池。种蛙池面积不宜过大，一般以 100 m² 为宜，池深度在 0.5 m 以内，池四周用纱网围起来防逃，水深保持在 20 ~ 30 cm。繁殖期水面要大，陆地面积只占水面的 1/3。种蛙池的水温宜控制在 25 ~ 27℃，适宜水温为 23 ~ 30℃。经常换水以确保水质优良，其溶解氧含量、盐度、pH、生物组成等要适于蛙卵、胚胎发育。若池水较浅，水温易变，要特别注意酷暑水温过高对卵的危害。

种蛙引进前要对稻田水体及食台等进行消毒，将生石灰兑水向稻田喷洒，注意用量，喷洒太少的话会让有毒物质继续肆虐；喷洒太多的话，会让稻田内部的营养成分结构受到损害，从而导致水稻跟蛙受到不必要的伤害。第一年开始稻蛙混养前，一定要清沟消毒。一般每公顷稻田用 1 125 kg 生石灰彻底清沟消毒。把种蛙放入产卵池前，也要对种蛙进行消毒，取 10 kg 的水，装入桶中，投入一瓶青霉素钠粉剂，搅拌均匀，此剂量可以消毒 100 对种蛙，每次可放入桶中 8～10 对种蛙，消毒 2 min 左右（注意防止蛙跳出）。再以雌雄蛙 1∶1 的比例投入产卵池中。

种蛙需要较大的活动空间，放养密度应低于幼蛙，而且应随着其个体的长大而递减。种蛙的放养密度为 10～12 只 /m²，种蛙的数量按每公顷 45 000～60 000 对为宜。种蛙摄食量大，营养应充分满足生长繁殖所需，一般每只每天投喂量为其体重的 10%，饵料种类宜多，营养全面，其中动物性饵料应不低于 60%。喂养时需要喂饱喂好，以投喂配合饵料为主，适当搭配蝇蛆、昆虫、红蚯蚓补充营养。需要注意的是，稻田中自有昆虫和食物，所以投喂时不必过多，多次投喂后需要总结经验，确定投喂量，以投喂后 2 h 吃完为宜。一般规律是 5—7 月生长旺季，摄食量占全年的 80%，4 月是黑斑蛙发情产卵高峰期，摄食量减少，产卵后摄食量又会增大。投喂时间一般在 18—19 时，每天投喂一次，也要定点、定时，要经常清理食台，以保持清洁卫生。

黑斑蛙每年 3—7 月都产卵，北方产卵迟些，南方各省 3 月就开始产卵，4 月是产卵盛期。但种蛙的抱对、产卵早晚与气温、饲养池的水温及水的深度有很大关系。当水温 15℃以上时雌雄蛙开始抱对。18～28℃是最适的产卵温度。在产卵季节将到时雄蛙不断地鸣叫吸引雌蛙。

3. 人工繁殖

人工养殖生产中，常利用催产药物对种蛙进行人工催产，注射含有促性腺激素的药物，促使种蛙性腺发育成熟，在人为的干扰下使种蛙达到繁殖同步，使种蛙抱对产卵时间相对集中，可以一次性获得大量的受精卵，提高产卵率和受精率，节约大量时间，达到工厂化大规模养殖的目的。

（1）人工繁殖技术　为方便取卵，在蛙沟中每隔 2～3 m 搭建一个长度为 0.6 m 左右的产卵巢，产卵巢浸入水中，表面与水面平齐。

每年 3 月上旬，种蛙池即可灌水，强迫种蛙从洞穴里出来，提早交配繁殖，捕捉第一批蝌蚪孵化，此时关注寒潮天气，种蛙池提前排干池水，刺激种蛙进洞越冬避寒，防止冻伤。接下来是第二批、第三批蝌蚪孵化。特别注意要巧避寒潮。

黑斑蛙的性成熟年龄为 2 龄。在我国大部分地区每年 4 月开始进入蛙的繁殖期，5 月进入繁殖盛期。黑斑蛙的求偶行为主要表现为雄蛙的响亮鸣叫声，雌蛙会应声进入产卵浅水区域。雄蛙一般提早一周左右发情，雌蛙未发情时拒绝抱对，已发情则常徘徊于浅水中或岸上依恋在雄蛙的周围，肚皮比平时膨胀，性冲动，食量忽减，故不必担心。蛙没有交尾器，不能进行体内受精，而是通过雄性拥抱着雌蛙完成受精过程的，婚垫上富有腺体和角质刺，其分泌物和角质刺将加固拥抱的作用。当雌蛙成熟发情时，雌雄蛙抱对，刺激雌蛙从泄殖孔排出蛙卵，雄蛙同时排出精液，雄蛙后腿弹动搅水，使精卵充分混合，完成受精过程。卵胶膜遇水后具有强黏性，相互黏结成团，或黏附在水草、树根等物体上。产卵后，雄蛙自行离去，雌蛙肚子明显变小，处于半休克状态，1~2 min 后，才慢慢地离开，到阴凉的地方安卧休息。水温 18~28 ℃，黑斑蛙 3~4 d 就会产卵，气温较低时，要 5~8 d 甚至 13 d 才会产卵。一般会在 5—6 时和 11—13 时产卵。蛙抱对后，选择浅水区域有微流水或有水草的地方产卵，能否顺利产卵，取决于卵的成熟程度，有时要抱对 2~3 d 才可产卵。黑斑蛙产卵时要求安静的环境，轻微的振动可使产卵暂停，强烈的振动或长时间的干扰，会使它迁移产卵地点。抱对中断会导致蛙卵滞留在输卵管和泄殖孔间的时间过长，导致蛙卵过熟，过熟的蛙卵胶膜浓缩成团状，不能分散，很难产出，即使产出也呈团状，完全不能受精，形成死卵。产卵的进行取决于雄蛙的腿与足的活动，雄蛙腿足停止活动，雌蛙即停止产卵。如遇强烈的冷风侵袭，水温突然下降到 15 ℃ 以下，产卵也就停止。此时可设法增温，使它正常产卵。在产卵期间，如果池内的雄蛙多于雌蛙，有同性相抱或两只雄蛙抱一只雌蛙的现象，第三者将一雄一雌同抱住，或反方向抱于雌蛙的胯部，使雌蛙不能正常产卵甚至死亡。所以产卵池的雄雌种蛙须按 1∶1 或者 1∶1.2 比例进行放养，雄蛙数量不能比雌蛙多。不同地域、不同气候以及不同饲养管理条件下，黑斑蛙抱对产卵的时间和次数会表现出大的差异。例如，种蛙在长江中下游地区越冬期间进行保温培育，比自然状态下越冬可提早 1~2 个月抱对产卵；而湖北江汉平原的黑斑蛙可在 2 月上旬即开始繁殖。在气温较低的自然环境下，黑斑蛙每年只抱对产卵 1 次，而在气候温和的四川盆地，黑斑蛙每年有 2 次抱对产卵相对集中的高峰，第 1 次在 4—5 月，第 2 次在 8—9 月。一般地，当水温上升到 15℃以上时（不同气候的地区，其时间不同），黑斑蛙就有发情的一些表现，说明很快就会抱对产卵。

（2）人工诱变技术　根据雌雄蛙的生长性能差异和市场需求，可以通过人为控制的方法，进行蛙的性别选择。在蛙卵胚胎发育的初期，性腺尚未分化，只有当性腺发育到一定阶段，蛙才会开始出现两性分化。而这一过程是可以调控的。因此在性腺分化的关键时期，通过激素诱导或改变环境温度，均可使其生殖腺向特定方向发育，并永久保持这一性别特征。

值得注意的是，经过性别诱变剂处理得到的雌性成蛙，即使卵巢发育正常，也不能留作种蛙。由于受某种机制的制约，这样的蛙在繁殖期是不能抱对的，不能完成正常的产卵受精过程。

在黑斑蛙的养殖中，性别的人工诱变具有重要的意义。黑斑蛙的雌性生长较快，个体大，价格也高；而雄蛙性成熟前生长快于雌蛙，同等体重的成蛙，雄蛙出肉率也高于雌蛙，且雄蛙跳得高，捕食害虫的能力强。两者各有优势。人工诱变的条件也很简单，养殖人员通过温度控制，如 3 月初蛙池提前加水，逼迫黑斑蛙出洞抱对繁殖，可以使雌蛙占 60% 以上。

通过控制蝌蚪养殖期的水温来调节雌雄蛙个体的比例。在黑斑蛙生殖腺分化期间，温度对生殖腺的分化发育有明显影响。温度高，生殖腺向雄性分化发育的比例较高；温度低，生殖腺向雌性分化发育的比例较高。在蝌蚪生长发育期间，特别是在缓慢生长期和变态期，将日最高水温控制在 13～18℃，即可引导生殖腺向雌性方向分化，达到提高雌性个体比例的目的，一般雌性个体可达 70% 左右。水温超过 30℃，蝌蚪发育成雄蛙的比例可达 80% 以上，若水温长期超过 30℃，则蝌蚪会全部变为雄蛙。

还可通过激素诱导法来调节雌雄蛙个体的比例。雌性激素属于固醇类激素，不溶于水，因此用药时要用乙醇来溶解。另外，激素的作用效力很高，在用药时一定要注意用药量，用药量过大会导致发育畸形，通过激素诱导可以得到单性苗种。

（3）人工催产技术　性成熟的种蛙并非每只都能产卵。如环境不适合、发育不良、体质较差、气候恶劣等均影响其产卵。为了使黑斑蛙产卵及孵化整齐一致，必须进行人工催产。下面介绍具体方法。

① 天气的选择　选择晴朗的天气，持续时间在 5 d 以上，水温稳定在 18℃以上，即可开展人工催产。人工催产避开连续的阴雨天气。

② 催产药物　目前市场上供应的催产药物主要有渔用人绒毛膜促性腺激素（HCG）、促黄体生成素释放激素类似物（LRH-A）、地欧酮（DOM）、鱼类复合催产激素（RES），还可选择使用鲤鱼脑垂体（PG）。

③ 催产剂量　雌蛙，HCG 1 000 IU（IU 为国际单位）/kg，或 HCG 1 000 IU + LRH-A 50 μg/kg，或 RES 10 mg/kg + LRH-A 30 μg/kg，或 DOM 5 mg/kg + LRH-A 30 μg/kg，或 PG 4 mg/kg + LRH-A 100 μg/kg。雄蛙催产剂量为雌蛙的 1/2。

④ 催产药物的配制　先将所有催产器具煮沸消毒 15 min，然后将计算好的催产药物倒入研钵中，经反复研磨，呈粉末状，加入 6 g/L NaCl 溶液进行溶解，最后每只雌蛙注射 1 mL、每只雄蛙注射 0.5 mL。

⑤ 注射方法　注射部位为腿部肌肉或腹部皮下，注射器为 5 mL、10 mL 的玻璃注射器，针头规格为 6 号、7 号，注射器必须

严格消毒。用注射器吸取注射液，然后进行腹部皮下注射或腿部肌肉注射。

腿部肌肉注射：用镊子夹住大腿内侧肌肉厚实处，以 45° 入针 0.6 ~ 0.8 cm，然后慢慢推针，注射完毕拔针时，用手轻轻揉擦针尖入口处，以免药液溢出。

腹部皮下注射：操作时须两人合作，一人捉住黑斑蛙，使其腹部朝上，另一人用镊子夹住腹部表皮向上轻提，另一手持注射器注射，针头朝向头部，与蛙腹面呈 30° 进针，深度以不刺入腹部肌肉为宜。

⑥ 注意事项　选择成熟的蛙是催产成败的关键。一般雄蛙发情要比雌蛙提前 10 d 左右，当发现雄蛙发情鸣叫，且雌蛙腹部膨大明显下垂时，即可进行人工催产。催产后，若种蛙在注射催产药物 0.5 h 后皮肤颜色变黑，说明催产有效应，即可按 1 : 1 配比放入产卵池中。水温在 18 ~ 28 ℃时，种蛙在 40 ~ 48 h 开始抱对产卵，在产卵前 2 h 左右，可从蛙的体侧观察到卵粒跌落体腔，表明人工催产成功。

4. 人工采卵及孵化

（1）孵化准备　人工孵化是指黑斑蛙受精卵在孵化池中，从有丝分裂开始，到出膜成为蝌蚪的过程。不同的养殖规模，对孵化池的要求不一样。产量在 1 000 万尾蝌蚪以上的养殖场，需要建造专门的孵化池；产量在 100 万尾的养殖场，可用简易水池、水缸或塑料盆等完成孵化。

规模较小的养殖场采收前准备好大的塑料盆作为孵化池，用 50 g/L NaClO 溶液浸泡孵化设施及器具 1 h 左右，再用清水冲洗干净，注入清水，水深保持 6 cm 左右。

规模较大的养殖厂可用水泥池、土地或网箱孵化蛙卵。可以因地制宜，按孵化量就地选用。孵化池应选择在背风向阳、水源充足的地方，面积比种蛙池的面积要小，水泥池面积一般以 2 ~ 10 m² 为宜，土地面积为 10 ~ 20 m²，但个数要多，池深 30 ~ 50 cm，水深

10~20 cm。要求建好进排水系统。

在孵化前，首先清理孵化池内的杂物及淤泥，用清水冲洗干净后，对孵化池进行消毒处理，待毒性消失后，在池内注入经光照和曝气的水，水底铺垫10 cm厚的沙，水深15~20 cm。池水不宜深，否则沉入水底的受精卵会因缺氧而死亡。池水过浅时，会因日晒使水温过高，影响孵化率。根据具体情况，可在孵化池上方搭建棚室，以控制光照和水温。一般将孵化温度控制在18~25℃。保持缓流水状态，使水质清新，水温相对稳定，溶解氧充足。在孵化池内移植适量的水花生、凤眼蓝等水草，以水草不浮出水面为宜，可用以支撑卵块，防止卵块下沉或缠绕造成缺氧窒息。孵化池四周用纱布围栏，防止鱼、蛇、鼠及水生昆虫等进入孵化池。

（2）蛙卵收集 蛙产下的卵又小又软，泥黄色、圆形，卵外有胶质膜保护，并互相吸附成片浮于水面，或附着在水草上。如果卵沉入池底，必须设法使之附在水草上。黑斑蛙刚产出的卵块形状很散，产卵5 min后卵粒吸水膨胀，慢慢浮于水面。如果发现种蛙池有成团的卵粒，应及时从种蛙池捞出，以免被种蛙把蛙卵搅散，影响孵化。一般2年以上的种蛙平均产卵量可达到2 000粒左右。

① 收集时间 卵块采集应在每天黎明时进行，中午和傍晚还要检查种蛙池，收集剩余的蛙卵。蛙卵多黏附在水生植物茎叶上，白天因茎叶快速生长会将受精卵顶出水面，被阳光晒枯晒死。卵在排出后，经孵化酶2~4 h的作用，胶质膜逐渐变软，失去弹性，浮力减小，如果卵块没有水草附着，也没对水体增氧，那么，卵块就会沉入池底，最终因缺氧而死亡。因此，蛙卵收集宜早不宜迟。

② 收集工具和方法 将卵块所附着的水草一起剪断，立即用水瓢、水盆或水桶，将卵块带水一同移入孵化池。不可用手抄网捞取。收卵和运输时，应小心仔细，避免卵粒受伤。卵块要顺其自然，不能颠倒放置。颜色较深的一面为动物极，是正面，朝上；颜色较浅的一面是植物极，是反面，朝向池底。如果卵块过大，容器较小，还可将卵块用剪刀分成数小块，以方便操作。

③ 蛙卵质量鉴别　成熟卵指卵盘分布均匀，吸水膨胀快，浮于水面，卵粒大小整齐，卵径较大，动物极呈青黑色，有光泽，受精率高。未成熟卵指卵盘分布不均，卵径较小，光泽度差，或卵粒吸水不分开、呈大团状，受精率低。过熟卵指呈暗灰色，无光泽，胶质黏性差，沉于水底，受精率低。

（3）布卵　当蛙卵从种蛙池分离出来后，应放在孵化池或孵化网箱里进行专业孵化，放卵时应小心轻放，不可让蛙卵翻面，也不要让每一窝蛙卵相互挤在一起，应窝与窝之间分开孵化为好，如果相互挤在一起，死掉的卵粒会分解毒素，毒死其他刚孵化出的蝌蚪，有条件可用纱窗做成小网或网格放在孵化池里分窝孵化效果更好，当然也可采取其他方式分窝孵化。

如果是采用专业的孵化池或孵化网箱孵化，孵化后不久会转入蝌蚪池培育，时间较短，孵化密度可大一些，一般可放蛙卵 6 000 ~ 8 000 粒 /m^2。如果是采用孵化网箱，由于网箱透水性好，箱内外水体也能交换，孵化密度可提高到 1 万 ~ 2 万粒 /m^2，若用土池孵化或水泥池孵化（即在同一池中直接转入蝌蚪培育的），放卵密度不宜过大，以 2 000 ~ 5 000 粒 /m^2 为宜，以后逐步分散到 200 ~ 500 尾 /m^2 蝌蚪为宜。

（4）孵化　孵化时间长短跟温度成反比，水温越高，孵化时间越短，但孵化池的水温也不能过高，阳光强烈时，最好在孵化池上拉遮阳网，防止水面的蛙卵被晒伤，温度一般控制在 18 ~ 25℃ 孵化效果最好。水泥孵化池、孵化网箱可放卵 10 000 ~ 15 000 粒 /m^2。需要注意的是放卵时要尽量保持原来的方向，蛙卵的孵化率为100%，如果方向搞错，会导致无法孵出蝌蚪。每盆放 3 ~ 5 个卵块，同一批要放在同一孵化池，这样孵出来的蝌蚪大小一致，方便管理。如果孵化池太少，一般可将不超过 3 d 的蛙卵放在一起孵化。但最好把不同时间产的卵分开孵化，如果放在一起孵化，蝌蚪的生长速度可能会不一样。如果时间差异太大，最早孵出的蝌蚪会把后期放进的蛙卵吸食掉。蝌蚪孵化以后，由于卵膜的溶解会消耗水中大量氧气，容易造成水中缺氧、水质变差，故需要经常换水。在孵化期，水温必须保持在18~25℃。在换水时不必完全换掉，换出其中4 cm深左右的水即可。入孵化盆第一天，早春卵不用换水，下午加水4 cm即可，中晚春卵需要换水一次。入盆第二天，早春卵下午换水一次，中晚春卵换水两次。入盆第三天，早春卵上下午各换水一次，中晚春卵换水三次。第四天至第八天孵化结束，早春卵需要换水2~3次，而中晚春卵则不需要再换水。若水温突然升降5℃以上或水温低于4℃、高于28℃或强的惊动均可导致蛙卵死亡。因此，观察蛙卵孵化时动作要轻，不能随意搅动池水，以免蝌蚪幼体漂离卵膜，影响成活率。气温和水温决定孵化速度，气温较高（18~25℃）时，经过2 d孵化，蛙卵略能摇动，3~4 d即成蝌蚪形态，5 d左右孵化蝌蚪。

孵化过程中，要时刻防止卵块或蝌蚪堆积死亡。如果发现有堆积现象，可以用光滑的小棍轻轻拨开卵块。死掉或坏烂的卵要及时清除。到蝌蚪从卵中钻出来，孵化就基本完成了。刚孵化出的蝌蚪幼小体弱，不会摄食，靠吸收卵黄囊生长，游动能力差，主要依靠头部下方的吸盘附在水草或者其他物体上。所以刚刚孵出的蝌蚪不宜转池，也不用投喂，更不可搅动水体影响栖息。蝌蚪孵出3~4 d后，就可以进行转池和投喂了。

孵化过程中还要做好孵化管理，及时统计受精率和进行过程监管。做好受精情况记录，积累经验。在25℃条件下。卵入水2 h便可加以区分，一般受精卵呈油黄色、透明，未受精卵则发暗，浑浊不透明。12 h后，受精卵中央黑点明显，未受精卵呈不透明的粉斑。孵化过程做到水源清新，pH保持在6.5~7.8，水深15~20 cm。采用微量流水孵化，不得翻动卵块。水温控制在18~25℃，5~7 d可孵化出蝌蚪。在高温季节孵化时，应在孵化池上方搭设遮阳棚，防止太阳直晒造成孵化池水温过高。

转池前要做好准备。蝌蚪池需要具备下列条件：①水源充足，排灌方便，水质良好，不含有毒物质；②池形规整，一般每池面积可达 20 ~ 100 m²，水深可达 20 ~ 50 cm。蝌蚪搬入蝌蚪池前，要提前 10 ~ 15 d 对蝌蚪池进行消毒，还有供蝌蚪栖息的水草也要经过消毒才能放入池中。

水泥池消毒用生石灰 1 125 ~ 1 500 kg/hm² 均匀洒遍全池，然后在阳光下曝晒 1 ~ 2 d 后，再放进干净水，才能放养蝌蚪，新开挖的水泥池更应在使用前两周，放水浸泡脱碱，然后换入干净水后才能放养蝌蚪。

土池消毒应在蝌蚪放养前 10 ~ 15 d，做好蝌蚪池的清池、消毒工作。主要清除对蝌蚪有害的蚂蟥、泥鳅、黄鳝、其他野杂鱼及有害细菌。可用生石灰或漂白粉进行药物清塘。生石灰清塘多采用干塘法，即将池水排剩 5 ~ 10 cm，然后按每平方米 90 ~ 110 g 的生石灰溶于水，将石灰浆遍洒全池，也可带水清塘，一般每公顷投放生石灰 1 875 kg（池水深 1 m）。清池后，必须等毒性消失后才能让蝌蚪下池，一般为清塘后 7 d，才能放水放养蝌蚪。

对放入蝌蚪池内的水草进行消除蚂蟥处理，先将消毒剂按比例兑水装入桶中，再将水草浸泡到桶中 12 h，然后用清水冲洗干净放入蝌蚪池；无水草时，用小树枝、竹枝、棉秆等代替。池中的水要保持 10 cm 以上。蝌蚪池也要加上池边围网，以利于蝌蚪在水池中自由活动。

对蝌蚪池和池水进行全面检查，为放养蝌蚪做最后的准备。检查池中是否隐藏有敌害生物，如蛇、鼠、成蛙、野杂鱼等，一旦发现应及时清除。池塘培育蝌蚪时，在放养蝌蚪前要拉一次密网，以清除敌害。

第二节　苗 种 培 育

一切准备就绪，蝌蚪应以 200 ~ 500 尾 /m² 放养，黑斑蛙在蝌蚪期，对水质的要求非常严格，且水质的好坏直接影响生存效率，在人工养殖过程中，池水中必须保持足够的溶解氧含量。水温应保持在16℃以上，同时水质的pH要控制在7.5左右，盐分要保持在2以内，水质要保持清洁无污染。

黑斑蛙在蝌蚪期的食性和鱼类相似，刚孵出的蝌蚪依靠卵黄囊提供营养，3～4 d后蝌蚪的口张开，食物随水一起进入口腔，随即闭合口腔，将进入口腔的水经鳃孔排出体外，食物通过咽喉和食管进入胃中。这样的食性称为滤食性，滤食水中的细菌、浮游生物、小型原生生物、水生昆虫、豆饼、动物内脏及植物碎片等，研究发现蝌蚪还是捕捉鱼苗的好手，因此鱼苗池与蝌蚪池要分开。

蝌蚪下池时，要做好两件事。一是进行蝌蚪试水，试水方法是从蝌蚪池中取一盆底层水，放10尾左右的蝌蚪试养1 d，如果其正常生活，说明池水无毒，蝌蚪可以下池。二是观察池水温度是否接近孵化池的水温，若温差超过3℃，须调节水温使之接近，让蝌蚪逐渐适应。否则，会因温差太大而导致蝌蚪死亡。

此外，蝌蚪在下池前，应喂饱，增强其体质，以提高蝌蚪入池后的觅食能力和成活率。一般每3 000尾蝌蚪喂1个蛋黄，化浆泼洒。

蝌蚪入池后的第一天不用投喂饲料也不用换水，等到第2～5 d时，上下午各投喂一次生鸡蛋，投喂剂量为每1万尾蝌蚪投喂1个生鸡蛋。加水稀释泼洒，连续4 d不换水，并往池内加水。第5～7 d，上午投喂生鸡蛋，下午投喂豆浆，豆浆用量为每2万尾蝌蚪投50 g生黄豆，磨浆后稀释泼洒，下午进行换水。第8～9 d，上午投喂蛙配合饵料2号，下午投喂豆浆并进行换水。第10～14 d，上下午各投喂一次切碎煮烂的包菜叶，注意选择口感较甜的包菜叶，注意下午换水。第15～19 d，上下午各投喂一次蚯蚓，用量为每200 m²投喂0.5～1.0 kg（注意把蚯蚓切成数段，如果没有蚯蚓可用蝇蛆代替），同样是在下午换水。第20 d以后，上下午各投喂一次配合饵料、菜叶和蚯蚓。每晚需要开诱虫灯4 h左右，方便蝌蚪捕食昆虫，仍然是在下午换水。需要注意的是：下雨天不投喂，阴雨天及气温低时投喂量要减少。除此之外，阴雨天气压低，水中溶解氧含量小，容易缺氧，要勤换水。通过 60～70 d 的饲养，蝌蚪的形态发生变化，进入变态期，逐渐形成幼蛙。

变态期是随着蝌蚪四肢发育完全，幼蛙逐渐开始登陆，这个阶段约 15 d。此阶段幼蛙停止摄食，尾部尚未完全萎缩，不吃少动，靠吸收尾部营养来维持各器官的发育，是蛙人工养殖过程中最为重要的阶段，这个阶段的顺利与否决定了蛙是否能够驯化成功。当蝌蚪尾巴消失后，即进入幼蛙阶段。幼蛙是以动物性食物为主，只捕捉活动物体。当同一蛙池内幼蛙出现明显规格分化，则会出现大蛙吃小蛙的现象，同时幼蛙拒绝上食台摄食。因此，在蝌蚪培育阶段，均匀投喂、保证营养充足显得极为重要。

为了让幼蛙逐渐适应陆地的生活，我们需要对蛙进行训练。在蝌蚪池中放入宽度不超过 20 cm 的木板，便于它们爬行与休息。木板不宜过宽，因为幼蛙的行为能力不强。除此之外，此时的幼蛙正处于变态期，用肺呼吸，只吃活食，需要开始投喂蝇蛆。上下午各投喂一次，如果投喂后 1 h 蝇蛆就被吃完，说明食物不足，要补充。7～15 d 后，即可打捞进行苗种放养。

第三节 苗 种 放 养

苗种是指脱离蝌蚪期后 1～2 个月内饲养的幼蛙，其体重因品种不同而异，一般幼蛙重 3～8 g/ 只。刚完成变态的幼蛙，体内已无营养贮存，体质瘦弱，对环境适应能力较差，尤其抗寒能力差，摄食能力也较弱，生长较缓慢，要求精心饲养和管理。这是蛙养殖过程中最困难、最关键的阶段，若管理得当，不仅幼蛙生长健壮，而且会为幼蛙的迅速生长打下良好基础。生长良好的幼蛙，可作为后备种蛙，也可经短期育肥或直接作为商品蛙上市销售，从而提高养殖效率，降低生产成本。

在水稻定植 10～15 d，秧苗返青成活后选择在天晴的时候开始投放幼蛙。放养前，幼蛙池应清池消毒，除去野杂鱼，消灭病害生物等，待毒性完全消失后再放幼蛙。应选择健壮、活跃、无病、无伤、规格整齐、个体比较大的放养，放养时需用 20~30 g/L NaCl 溶液或 0.5 g/m³ 高锰酸钾溶液等低刺激性消毒剂对蛙泡浴消毒 5~10 min。苗种放养前进行试水，确认无药物风险后方能放苗。

试水时在四角和中央选取适量的水，将这些水分别倒入不同的养殖缸中，放入少量幼蛙。确保饵料投喂和生长需求。在确定水质对幼蛙绝对安全的情况下，再批量放入幼蛙。

投苗需要注意分池放养和保证适宜的放养密度两个关键环节。

1. 根据幼蛙大小分池放养

因为蛙有"大吃小、强食弱"的习性，所以应修建多个隔离的幼蛙池，以便根据幼蛙的大小分池放养。不仅如此，同样大小的幼蛙放养在同一养殖池，因其个体生长速度的差异，经过一段时间也会表现出个体大小的不同。因此，幼蛙饲养过程中要时常加以调整，力求同一养殖池内幼蛙个体大小均匀，避免其自相残害。条件不具备的养殖场，可采用隔离网箱分开放养。当大小不一的幼蛙在同一池内放养时，应加强管理，保持适宜的放养密度，并保证饵料的供应，以遏制大吃小的习性。

2. 适宜的放养密度

挑选体质健壮苗种放养，蛙种放养过程中应严格控制放养密度，切不可过小或过大，密度过小不易对蛙进行人工投饵的驯化，蛙在稻田中若不能及时进行投饵驯化则易使蛙回归其昼伏夜出的习性，造成后期人工投喂困难。密度过大则易加剧蛙群间相互争夺、踩踏、残食等现象，其排泄物也会增加生存环境负荷，导致环境恶化，滋生细菌病毒，进而增加蛙群发生疾病的概率。幼蛙的放养密度应根据幼蛙的大小、饵料情况、饲养条件及管理水平而定。表3-1 展示不同蛙龄幼蛙的放养密度，供养殖户参考。

幼蛙的放养密度还应考虑天气情况，炎热季节比凉爽季节的放养密度宜低些。

投放的蛙种是经过驯化后，能够采食人工配合饵料的，因此蛙

表 3-1　幼蛙放养密度

蛙龄	体重 /g	放养密度 / (只·m^{-2})
45 日龄	3 ~ 8	80 ~ 100
60 日龄	10 ~ 20	60 ~ 80
70 日龄	25 ~ 30	30 ~ 40

种投放到田间后，要及时进行定时定点投饵驯化。投饵后观察蛙群的活动情况，若蛙不上食台，则可适当在蛙的人工配合饵料中放置少量蚯蚓、蝇蛆和黄粉虫等活饵，使人工投放的配合饵料在活饵的运动下由静止变为运动状态，进而被蛙发现取食，待蛙群驯化可自行跳至食台上摄食后，开始逐渐减少活饵数，此时食台上的饵料在蛙群的运动下就能变为运动状态，从而完成对蛙群人工配合饵料的驯化。

可在每天上午和下午定时定点各投喂一次人工配合饵料，以 1 h 左右吃完为宜，投喂量依幼蛙个体的大小、气温的高低、饵料的种类等的不同而改变，一般投喂量占蛙体重的 2% ~ 3%，通常气温在 20 ~ 26℃时，幼蛙摄食量大，18℃以下及 30℃以上时，摄食量会减少。投喂量可根据田间水质条件、天然饵料数量及蛙的摄食情况进行适量调整。此外，可在田间食台附近安装黑光灯诱使昆虫集中灯下供蛙群自由采食。

幼蛙体质比较脆弱，惧怕日晒和高温干燥的天气，放养后还应特别注意遮阳。遮阳棚一般用芦苇席、竹帘搭建，面积宜比食台大一倍左右，高度以高出食台平面 0.5 ~ 1.0 m 即可，也可采用黑色塑料网片架设在幼蛙池上方 1.0 ~ 1.5 m 处遮阳。此外，在幼蛙池边种植葡萄、丝瓜、扁豆等长藤植物，再在距幼蛙池水面 1.5 ~ 2.0 m 高处搭建竹、木架，既可为幼蛙遮阳，又能收获经济作物。合理的温度能够有效提高养殖效益。最适合它们生长的温度是 25℃左右，当温度高于 30℃或低于 18℃时，即会产生不适，食欲减退，生长停止，严重的甚至会被热死或冻死。盛夏降温措施通常是使幼蛙池池水保持缓慢流动或更换部分池水。一般每次更换半池水，新水水温与原池水温的温差不超过 3℃。还可以搭设遮阳棚，或向幼蛙池四周空旷的陆地上每天喷水 1~2 次。越冬保温，可以建塑料大棚、蛙巢等，使幼蛙安全越冬。最后，在人工高密度饲养下，幼蛙的生长水平往往不一致，蛙体大小很不匀称，相差悬殊。因此，在幼蛙饲养期内要经常将生长快的大蛙分拣出来分池分规格养殖，力求同池养殖的幼蛙生长同步、大小匀称，方可避免弱肉强食、大蛙吃小蛙的现象发生。

第四章

稻蛙综合种养管理

一、插秧及种植管理

在正式插秧前应对水稻秧苗进行壮秧培育。每公顷苗床内施放约 35 t 优质有机肥，充分翻耕使其与土壤混合均匀并将种植面整平。苗床与大田秧苗数量比例根据插秧方式有所不同：人工插秧的比例为 1∶6，机插秧的比例为 1∶100。壮秧培育的种子应用 25% 咪酰胺乳剂按说明书剂量在水中浸泡 12 h 进行消毒，并保持种子湿润以催其发芽。人工插秧宜在 5 月底至 6 月初进行播种，机插秧可在 6 月初进行播种。苗期也要保持土壤湿润，在秧苗生长发育到 2 叶 1 心期时可施 15% 多效唑以培育带蘖壮苗，2.5 叶期可以每公顷追施有机肥 4 500 kg。在插秧前要进行施肥，整理种植田。整田前需要在稻田内每公顷施腐熟有机肥 40 kg，并翻耕田土，使肥料与土壤充分混匀。土壤要求整碎、整实、整融、整平，田面高差控制在 3 cm 以内。

准备充分后便可适时移栽。人工插秧秧龄在 30 d 左右、机插秧秧龄 18 d 以内时便可移栽，栽深 2~3 cm 为宜。行距 28 cm，株距 18 cm，移栽密度 19.8 万穴 /hm²，插栽苗 5~6 株 / 穴，基本苗保持 110 万株 /hm²。移栽时，保持 1.2 cm 水层移栽，4~5 cm 水层活蔸，1.8 cm 水层分蘖。秧苗应排水晒田，晒到脚踩不陷泥即可。晒田后需要及时复水，实行足水抽穗、干湿交替壮籽。

二、插秧后水层管理

插秧后一定要及时上护苗水，此时期秧苗在移栽时根系易受伤，会导致吸收能力降低，对水分非常敏感，而插秧后如果缺水，会导致秧苗返青缓慢甚至会造成秧苗死亡。一般在插秧后 3 d 左右回水。回水可以保护秧苗，减轻冷害和冻害，也避免秧苗在大风天和烈日下失水过多，造成干尖、干叶而使秧苗大缓苗，所以一定要上好护苗水，保温促进秧苗返青。

但水过深也会影响秧苗的正常返青，还会给潜叶蝇等提供滋生条件，正常回水水深在秧苗高度的 1/2～2/3 最佳，以不淹苗心为宜，以水护苗，能够促进返青。回水 5 d 后，开始施返青肥（即分蘖肥），分蘖肥以氮肥为主。此时水层高度控制在 3～5 cm。这样阳光可以直接照到秧苗茎的基部，提高水温和地温，维持适宜温度，同时增加土壤含氧量，促进水稻根系发育，在水层管理上一定要严格，浅灌最佳，水深决不能超过秧苗高度的 2/3。

三、防虫防害管理

病害防治以生物、物理防治为主，化学防治为辅。同时，病害防治需要加强田间管理，以增强植株抗病性，根据预测预报及时防治病害。

黑斑蛙跳跃能力极强，是捕食螟蛾、稻苞虫、蝗虫、蝼蛄、叶蝉、蟋蟀等 30 多种水稻害虫的能手，日食害虫可达 70 多只，年均消灭害虫千余只。在人工养殖条件下，如果在每公顷稻田中投放 45 000 只左右的黑斑蛙，不仅可以消灭虫害，而且会产生大量有机肥，每公顷稻田可节省碳铵 150 kg、磷肥 25 kg、钾肥 15 kg，从而大大节约肥料成本，实现良性循环。与此同时，这也大幅度降低了化肥以及农药的使用量，减少环境污染，降低生产成本，提升生态效益。这样生产出的稻米以及蛙类产品化肥农药残留极少，市场反响更好。

但病害是不完全可控的因素。若发生严重病害，可以利用昆虫天敌、昆虫性信息素、诱蛾杀虫灯及生物制剂等方法进行防治，或者采用高效、低毒、低残留、广谱性的农药，从而减轻对蛙和水稻的危害。为了确保使用的生物制剂或农药对蛙的影响降到最低，在使用化学方式防治病害前，最好将蛙诱集在蛙沟、蛙溜内进行隔离，并放水露出田面，防治后 2~3 d 复水。待药效消失后，再撤除隔离，将蛙放归到稻田中。稻田生态养蛙与单一种植水稻相比经济效益能够提升 3~5 倍。稻田养殖黑斑蛙以单季稻为主，单块面积不要超过 1 000 m²。

四、及时补苗及杂草管理

补苗和插秧最好同时进行，能使水稻秧苗返青一致、生长一致，如补苗不及时，后补的稻苗就小，易在施二遍除苗剂时产生药害，也容易被潜叶蝇吞食。一般水稻插秧后 3 d 即已返青，秧苗返青后及时追肥，促进新叶早生、早分蘖，秧苗健壮，追肥以氮肥为主，追肥后保持浅水层 3 cm 左右为宜。

杂草生长快，吸收养分能力强，会与水稻争水分、肥料、光照，影响水稻正常生长，二次封闭要选择丙草胺、莎稗磷、苯噻酰草胺、吡嘧磺隆、苄嘧磺隆、乙氧磺隆等安全性高的药剂，主要防除稗草、千金子、三棱草、牛毛毡、野慈姑等杂草。这段时期，早返青有利于早发分蘖和形成壮蘖，延长营养生长期，同时也为早熟、高产创造有利条件。

五、环境调控

水质的管理须以常规蛙类和水稻生长对环境的要求作为参考标准，进行稻蛙综合种养的稻田溶解氧含量通常要求保持在 4 mg/L 以上，pH 为 7~8，透明度在 30 cm 左右，在蛙种放养初期，沟内水深保持在 0.8~1.0 m 即可，待秧苗移栽成活、气温升高后，再逐步加深水位，把养殖蛙引入稻田，觅食生长。

按照天气、养殖蛙类进食状态和活动变化来调理水质。通常天气晴朗，养殖蛙类摄食旺盛，活动正常，说明水质较好，连续阴雨天气，水质过浓，养殖蛙类摄食突然减少或活动不正常，则反映水质较差，要及时换注新水，或开增氧机增氧。

抓住关键时期管好水质。夏季高温，通常每 10～15 d 换注新水一次，每次换 1/3，每 20 d 泼洒一次生石灰，规格按每公顷稻田水深 1 m 施生石灰 150 kg 左右，有条件的还可以泼洒光合细菌，使稻田水质始终保持"肥、活、嫩、爽"。

（1）水肥　如果采用的是井水、泉水或自来水，这些水属于一种白水，不适合蝌蚪的生长发育，应采取培肥水质的办法调节水的肥度。

（2）水活　即水中浮游生物丰富，水体早、中、晚有不同的色泽变化，但是变化很细微，没有经验的养殖户很难看出来。

（3）水嫩　要求水色随阳光的强弱变化而变化，这说明水体中浮游生物有较好的趋光性，种群正处在生长旺盛期。

（4）水爽　指水中悬浮的泥沙及一些胶质团粒较少（透明度为水深的 30%～35%），这种水适合生物饵料的繁殖生长。另外，要及时清除青苔（可用硫酸铜溶液清理），减少生物毒素。

六、敌害防控、防汛防台工作

坚持每天早、中、晚三次巡田，检测水质变化，常观察、检查蛙类的活动、生长情况和水稻的长势、病害情况，了解蛙类的摄食情况，清除食台上的残饵和水中的漂浮物。及时驱赶蛇、白鹭等敌害动物。长江中下游地区在 7 月、8 月、9 月为多雨季节，也是多台风的季节，而稻田的田埂比较低，因此防汛极为重要。要备好池汛器材，加固田埂圩堤，维修好排灌设施，专人日夜轮换值班，严防大风、大雨、大水冲垮田埂圩堤或漫水造成黑斑蛙逃跑，提高抗灾能力。

七、水稻品种的选择

养蛙稻田选择种一季稻或两季稻均可。水稻品种要选择叶片开张角度小、茎秆坚硬、不易倒伏、抗病虫害、耐肥性强的高产优质紧穗型品种，尽可能减少在水稻生长期对稻田施肥和喷洒农药的次数，确保黑斑蛙在无公害绿色的环境中健康生长。

第二节 养 殖 管 理

一、蝌蚪的饲养

可以直接购买蝌蚪，也可自行从卵块开始培育。养殖蛙类人工饲养必须在人工采卵后养育孵化，3—4 月进行蝌蚪孵化，孵化前 3 ~ 5 d 需要用 90 kg 生石灰对孵化池泼洒以完成消毒，每天清晨收集产后 20 ~ 30 min 的卵块放入孵化池内。不同收集期的卵块分别放入不同池内，使受精卵的植物极朝下、动物极朝上，参考投放密度为 6 000 ~ 8 000 粒卵 /m^2。蝌蚪孵化期应避免强光，水温保持在 18 ~ 25℃、溶解氧含量为 3 mg/L、pH 为 7 左右、水深为 10 ~ 15 cm。经过 5 ~ 7 d 卵粒即可孵化成蝌蚪。

出膜后的蝌蚪在原孵化池或网箱中培育，蝌蚪幼体刚移至池内时由于个体较小，游动能力弱，只需要保持沟内有水即可，水深 20 cm，使用专池培育蝌蚪。肥水下塘，将大塘的肥水抽入水泥池，水面可放养刚孵出的小蝌蚪 600 ~ 800 尾 /m^2，同一培养池应投放同时孵化出膜的蝌蚪，避免后期出现"大吞小"现象。蝌蚪孵出 4 d 后开始人工投饵，每天早、中、晚 3 次投喂黑斑蛙专用饵料。蝌蚪经一周饲养后才能移入饲养池内。20 ~ 30 d 后逐步以红虫、水蚤、蝇蛆为主食，也可以豆浆、豆渣、豆饼粉、小球藻为主食，加喂一定的鱼粉可促其生长。一般每万尾用 15 个熟鸡蛋揉碎带水泼喂 1 ~ 2 次。喂养 7 d 后转而投喂蛋白质含量 38% 以上的配合饵料粉料，当蝌蚪个体达到黄豆般大时，可以全部使用人工饵料喂养。一般用颗粒较小的特种鱼苗饵料即可。投喂量应根据温度高低灵活控制，晴天正常投喂，阴雨天适当减少投喂量，或者不喂，每天投喂量以蝌蚪体重的 2%～3% 为宜，分早、晚两次投喂，9 时左右投喂一次，16 时左右投喂一次，以投喂 2 h 后吃完为宜。水温应控制在30℃以下。

当发现池水中有气泡或水质有腐臭味时要立即换新水，一般每3 d 换一次，天气干旱多日，持续高温时，应每 2 d 换一次水。

二、蛙苗的投放

蝌蚪在长出后肢后，尾部消失，鳃渐渐退化，呼吸作用也转而依靠肺来进行，无法长期潜入水中。因此，要把池中水位调节到食台区边缘。春季投放入池的蝌蚪，一般经过约 45 d 的养殖，蝌蚪即进入变态期，生活环境由原来的完全水生生活过渡到水陆两栖生活。此时应当将变态的幼蛙及时移到水较浅的幼蛙池中去饲养。蝌蚪长出前肢时，变态即将完成，此阶段的蝌蚪不再吃食，而依靠吸收尾部作为营养来源，所以不需要再投喂饵料。

蛙卵孵化后 70 d 左右变为幼蛙。蝌蚪从出现前肢到完全变态的阶段主要靠吸收尾部供给营养，靠肺呼吸空气，并开始跃出水面登陆栖息，当有 90% 以上蝌蚪变为幼蛙时，即可移入幼蛙池饲养，此时逐渐降低水位至沟中有水。

投放前 10～15 d，按每公顷 22 500 kg 生石灰化水对蛙沟进行消毒，每 10 m³ 水体需要 1 个氧气包放入环沟中以增加溶解氧含量，蛙苗用 30 g/L NaCl 溶液浸泡 10 min 消毒。选择破膜后 5～7 d 的蝌蚪在 3 月中旬至 4 月初投放 150 万～200 万尾 /hm²，经饲养使 8～9 g 大小的幼蛙保持 4.5 万～6.0 万只 /hm²。环沟中还可投放一定量的泥鳅、田螺、浮游生物等，作为蛙的动物性饵料。

三、幼蛙的驯化

几乎所有的蝌蚪变态为幼蛙后，食性都会发生很大变化，一律摄食活动的饵料，对不动的饵料视而不见。由于放养初期稻田昆虫少，天然饵料缺乏，故需要人工投喂。饵料来源广泛，如切碎的猪肺、蚕蛹、小鱼干、蚯蚓、蝇蛆、灯光诱来的小昆虫等。稻田里养的蛙类，未经驯食，不会摄食死饵，这主要是由于蛙的眼睛只能看见并吞食眼前的活物，自然状态下只能捕食昆虫、水蚤、鱼虾、蚯蚓、蝇蛆等活动性的动物饵料，因此活性饵料的选择尤为重要。即使是再新鲜的饵料，只要不动就不被摄食，然而，蛙类一般不能辨别是死饵还是活饵，在摄食上只是通过视觉来捕捉食物，因此，种蛙在放养前必须进行驯化，即使是死饵，只要创造条件，使其晃动，诱使蛙类捕食。另外，通过一定时间的饵料投喂驯化后，即使不动的饵料也可被摄食。常见的驯化方式包括以下 3 种。

（1）挑动式驯化　在幼蛙长到 5 g 左右时，即可进行挑动式驯化，方法是用一根木棍挑动不动饵料，以达到让蛙吃下饵料的目的。蛙类对饵料的适口性选择极强，而种类的选择性较差，对于活动的饵料摄食后适口的便吞下，不适口的则吐出。蛙对活动饵料的视觉感应圈为 2~4 m²。所以，在进行挑动式驯化时，应准备些适口的饵料，如鱼肉、螺肉、蚌肉等新鲜的动物性饵料，慢慢培养它们的摄食习惯，然后即可以喂一些人工配合饵料。挑动式驯化因其费时费力，不太适合大规模养殖，只便于小块稻田进行的蛙类养殖。

（2）"以活带死"驯化　这种驯化方式是将活动的饵料放于不动的饵料上，使蛙在吃活饵时，连同不动饵一同吞下，活饵料以蝇蛆为好，蚯蚓次之；不动饵料可以是鱼肉、螺肉、动物内脏等，亦可以是人工配合饵料。这种驯化方式应在幼蛙长到 10 g 左右时开始驯化，并在此之前首先培养幼蛙定时、定点摄食的习惯。这种方法既适用于大规模养殖，又可在幼蛙放养后进行，比较适合大面积稻田养蛙之用。

（3）冲水式驯化　这种方式适用于高密度集约化养殖，在幼蛙规格为 10～100 g，每平方米放养 60～200 只时，或规格在 30 g 以上，每平方米放养达 50 只时，均可采用这种驯化方式。方法是先将幼蛙集中在蛙池内，1～2 d 不投饵，以增加其饥饿感；然后调节水深为 2～3 cm，将适口的饵料慢慢投向水面，蛙见后会上前摄食。由于蛙的活动而带动水体，漂浮在水面上的饵料也随之而动，蛙误认为是活饵而捕食，但每次投饵前应清洗投饵部位的水底，清除残饵，避免水体污染。此种驯化方式最后可以达到完全使用浮性饵料饲养的目的，在具有宽沟和回形沟稻田养殖工程的地方，都可以于正式放养前在进水口圈一定面积用此种方式进行驯化，效果较佳。

四、饲养管理

驯化开始时活饵料所占比例较大，随后逐渐减少，直至完全投喂人工饵料。经过 10 d 左右驯食，幼蛙基本驯食成功。每隔一定时间投喂活饵料。此时幼蛙体重已经有 10 g 以上，并养成定点摄食习惯，可以把小池塘周边的围网打开，让蛙进入稻田。

幼蛙转入稻田后是形成商品产量的重要时期，此时生长速度加快，除饵料充足外还需要加喂活饵。活性饵料中，蝇蛆养殖最为简单易行。蝇蛆即苍蝇幼虫，无足、色白，生长繁殖速度快，富含蛋白质，易被蛙类发现并摄食。饵料投喂方法严格遵守四定原则（定点、定时、定量、定质），每天投喂 2 次，分别在 9—10 时投喂饵料，占总量的 40%，16—17 时投喂饵料，占总量的 60%，体重 50 g 以下的幼蛙投饵量应占体重的 6%～8%；体重 100 g 以上的幼蛙，投饵量应占体重的 8%～10%。最好以 1 h 左右吃完为宜。

为提高蛙的品质并节约饵料成本，可在稻田中安装射灯，诱集昆虫供蛙捕食。具体的安装方法为：在田埂 4 个拐角内侧，各安装一个离地面 20 cm 的射灯，要求灯光水平射出、4 盏灯的灯光首尾相接。另外，还可在防逃网内侧的田埂上培养活饵料动物，如堆放经发酵的牛粪、作物秸秆培养蚯蚓，利用废弃动物下脚料养殖蝇蛆，或在室内培育黄粉虫等鲜活饵料动物。在养殖规模不大的情况下，可完全依靠这些鲜活饵料和夜间诱捕昆虫供蛙摄食，采用这种方式为蛙类提供饵料更生态、更高效。

幼蛙入田后，由于蛙类比较喜欢在岸上活动，池水仅仅起到保持皮肤湿润的作用。但如果蛙池水质太差，也会给蛙类养殖带来危害。在水源条件允许的情况下，可尽量勤换池水，保持池水的干净、清爽，减少疾病发生。又因为幼蛙体质比较脆弱，需要避免日晒和高温干燥情况。因此，在幼蛙刚进入稻田的前两天，中午烈日时应对滞留食台的幼蛙进行人为的驱赶，以免造成死亡。

五、越冬管理

蛙为变温动物，当外界气温降到5℃以下、水温降到12℃以下时，蛙的体温随之降低，新陈代谢减慢，将停食进入冬眠状态，这时需要进行越冬管理。

（1）水温调控   保温是蛙安全越冬的关键环节。当水温低于5℃时，可以在蛙池加深水层延缓水温降低，或在池上搭棚覆盖稻草、芦苇、塑料薄膜等保温，或可经常用水温较高的井水、温泉水及工业锅炉热水等保持水温，也可采用电灯等热源加温。有条件的养殖场可让蛙在人工控温环境下越冬，这对于很多养殖户是难以办到的。实践证明，搭棚覆盖塑料薄膜保温的形式投资少，但有明显的增温保温效果，既可确保蛙安全越冬，而且在晚秋至初冬及早春可使温度增至冬眠温度以上，缩短蛙的冬眠期，再及时投喂，蛙体重就会明显增加。

（2）水质调节   蛙在水下冬眠，主要通过皮肤吸收水中的溶解氧进行呼吸，从而维持体温和生命。蛙在水温高于10℃的条件下会活动、摄食。因此，越冬期间也应注意经常加水、换水，保持水质清新和足够的溶解氧含量。一般每个月须换一次水。若温度高、蛙密度大、蛙活动多，则应多换水。

（3）合理投喂 越冬期间，冬眠的蛙不吃不动，不需要投喂饵料。但温度上升到10℃以上时，蛙开始活动并摄食。摄食量虽少，但会随着温度的增高而增加。因此，越冬期间应根据蛙池内温度的变化及蛙的摄食量，适当投喂蚯蚓或其他动物性饵料。

（4）预防病害 蛙在越冬期间极易受到敌害的攻击，应注意防除敌害。经常巡查养殖池，查看保温效果、蛙的状态、有无敌害等情况。发现问题及时处理，如发现死蛙，要及时清除；发现病蛙，及时治疗；发现敌害，尽快驱除。

（5）其他常见注意事项 在进入冬眠期前，用 $1 \sim 2$ mg/L 的漂白粉溶液泼洒蛙沟，或者每公顷蛙沟用 4 500 kg 生石灰兑水进行消毒，然后将蛙及蝌蚪集中在蛙沟中冬眠。通常情况下，蝌蚪的抗寒能力较强，如有条件可以控制好蝌蚪的变态进程，以提高其成活率。蛙的冬眠期一般为11月至翌年3月，喜欢在避风、避光、温暖、湿润的环境中越冬，因此也可根据当地情况，人为创造适宜的环境条件供蛙越冬。蛙类有挖洞潜伏的习性，冬眠期会自行打洞冬眠，无须人为干涉，可事先在田埂四周填充松土，然后铺一层软质杂草，供其掘穴冬眠。越冬期间，蛙沟水位宜保持在 0.8 m 以上，用草帘铺设在蛙沟上，同时池底留淤泥 $5 \sim 10$ cm，以便潜水蛰伏淤泥越冬，定期加注新水，防止水体冰冻，确保蛙池中始终有水，并且让洞穴处于较高位置，防止被水淹，保障冬眠质量，降低冬眠期蛙的死亡率。

六、水位和水质管理

对于稻田养蛙，水的管理尤为重要，要保持田间水质，尤其要注意蛙沟水位管理，蛙的生活习性与水稻生长周期中对田间水位的需求基本一致，过深的水位不仅不利于水稻根部进行有氧呼吸，进而影响水稻对稻田中营养成分的吸收，影响水稻的生长，也不利于蛙群的生长（蛙类虽属于两栖动物，但其生长周期中多数仍栖息于陆地）。因此，合理调控田间水位对于成功实施稻蛙共生综合种养技术起着不可小觑的作用。有资料表明，蛙的最适生长温度为22~28℃。因此，环沟中水位须适宜，沟内灌水深度一般以30 cm为宜，高温季节增加至45~50 cm深，在水位明显下降时需要及时灌水，灌水的水温与蛙池水温温差不超过3℃。若用地下水时，地下水需要在蓄水池存放8~10 d才能使用。残饵、粪便多时易引起水体富营养化，因此需要及时换水，同时用4.5 g/L聚维酮碘4 500倍液进行水体消毒，以保持水体新鲜、溶解氧充足、透明度维持在20~30 cm。在禾苗分蘖盛期，稻田里的水有一定深度时，要确保疏通蛙沟，常换注新水，确保水质。最好保持蛙沟内的水微微流动。在晒田期每周至少换水一次。

在夏季高温炎热的季节，白天可适当增加田间水位来为蛙群避暑降温，而夜间则需要降低水位便于蛙群夜间到田间水稻中捕食昆虫。当温度较低时可适当增加水位，并尽量避免频繁对田间进行换水，以利用水体较大的比热来蓄积热量为蛙群提供生长所需的环境温度。

七、病害防治管理

病害防治管理坚持"以防为主、防治结合"的原则。胃肠炎用投喂适量饵料、清除残饵和池底污物、经常换水及水体消毒等措施防治。肝肿大时应及时换水，饵料中可添加占比1%的鱼肝油、维生素C。白内障发生时应保持水温恒定，用高锰酸钾1 000倍液消毒、饵料中添加0.5%的复合维生素和昆虫蛋白等措施防治。脑膜炎即歪头病用聚维酮碘对水消毒、饵料中添加复合维生素饵料和磺胺嘧啶等措施防治。蛙类发病主要源于外伤感染，要以预防为主，在小池塘中定时挂袋消毒，染病时应及时分离，并加大药量进行消毒，同时投喂药饵。

此外，水稻出现病虫害时，最好采取综合治理的方法，不施农药或者尽量少施农药。如果到了非要施农药的地步，也要尽可能地使用低毒高效农药。不能使用杀螟松、三唑磷、菊酯类农药。在农药施放后，需要尽快给蛙沟内换注新水，以尽量避免水体污染。若遇连续阴雨天，需要注意排水，保持沟内水位不要过高，防止蛙逃走。夏季高温时，可将稻田里的稗草或无效分蘖苗移入蛙沟内。饵料残渣要及时捞除，以防败坏水质。

八、其他日常管理及注意事项

坚持早、中、晚巡田，随时检查蛙的活动情况和水稻的长势，发现病蛙及时在隔离区隔离，死蛙进行无害化处理，防止病害扩散。初期水稻茎叶不茂盛，稻田中空隙大，蛙在田中易暴露，加之蛙体较小，活动和逃避敌害的能力差，到了收获期，水较浅，蛙的目标大，也易被捕食。稻田四周要设置防逃设施，放置捕兽夹，并经常检查防逃网是否牢固，稻田四周网损坏需要及时修补，进排水口的网纱破损需要马上补好，防止蛙的天敌入侵捕食和蛙逃逸。蛙的天敌主要有蛇、鼠、黄鼠狼及鸟类，注意驱赶白鹭、蛇等以防危害蛙类。沿田埂四周开挖"口"字形或"田"字形蛙沟，经常检查进排水口的保水性能、田埂有否漏洞，防止旱、涝，雷雨季节一定要做好防洪、防逃工作。

第五章

蛙类病害防控

黑斑蛙一般很少发病，但随着我国黑斑蛙人工养殖规模的扩大，集约化密度不断提高，管理不善或操作不当常造成水质变坏，其疾病也频繁发生。黑斑蛙的常见疾病主要是由病毒、细菌、真菌等病原引起的，如嗜水气单细胞、奇异变形杆菌、克鲁氏耶尔森菌、乙酸菌及乙酸钙不动杆菌的不产酸菌株、链球菌、脑膜败血性黄杆菌等。本章介绍影响黑斑蛙发病的原因，以及常见疾病和防治方法。

第一节 致 病 原 因

一、致病生物的侵袭

常见的蛙类疾病多数是由于各种致病的生物传染或侵入而引起的，这些致病生物称为病原体，主要包括病毒、细菌、真菌、藻类、原生动物、蠕虫、蛭类及甲壳动物等。

蛙类的天敌主要有鼠、蛇、鸟、水生昆虫、水蛭及其他凶猛鱼类和野生蛙类等，这些天敌一方面会直接吞食幼蛙而造成损失，另一方面它们也是某些蛙类寄生虫的宿主或传播媒介。

二、蛙类自身因素

蛙类对外界疾病的反应能力及抵抗能力随年龄、身体健康状态、营养、个体大小等有所不同。当蛙类体表受伤，又没有对伤口及时进行消炎处理时，病原就会乘虚而入，导致各类疾病的发生。

三、环境因素

1. 毒物

常见的有硫化氢及各种防治疾病的重金属盐类。这些毒物不但可能直接引起蛙类中毒，而且能降低蛙类的防御机能，致使病原容易入侵。因此，建议不要在土壤重金属盐（铅、锌、汞等）含量较高的稻田里养殖蛙类。

2. 水源

水源是病原传播的第一途径。水中的溶解氧含量、pH、温度等指标未及时监测，水质差，或未经消毒、净化处理以及池塘未定时清池消毒都会导致蛙类发病。

四、饲养管理因素

（1）从自然界中捞取天然饵料、购买苗种、使用器具等，由于消毒、清洁工作做得不彻底，均可能带入病原。

（2）投喂不当、投喂不清洁或变质的饵料、长期投喂单一饵料、饵料营养成分不足、缺乏动物性饵料及合理的蛋白质、维生素、微量元素等，均会导致蛙类摄食不正常，引起营养缺乏，造成体质衰弱，容易感染患病。

（3）滥用药，盲目增加剂量，产生的危害也相当大。大量使用化学药物及抗生素，会造成生态平衡破坏，最终可能导致抗药性微生物与病毒性疾病暴发。

（4）养殖密度过大，会造成缺氧，并降低饵料利用率，水质易恶化，传染病流行更快。

（5）饲养池的进排水系统不独立，一池蛙类发病往往会引起另一池蛙类发病。

（6）对蛙类体表、池水、食台、食物、工具等进行消毒处理，由于用药浓度太低，或是消毒时间太短，导致消毒不够，这种无意的疏忽也会使蛙类的发病率大大增加。

（7）蛙类苗种及亲本的流通缺乏必要的检疫和隔离制度，会造成种质退化，疾病流行。

第二节　常见病害及防治

稻田中的蛙类可大量捕食昆虫，田间虫害较少，一般可不施农药。若发生严重病害，可采用生物制剂防治，或者采用高效、低毒、低残留、广谱性的农药，减少对蛙的危害。为了确保不伤害蛙类，施药前最好将蛙诱集在蛙沟内进行隔离，待药效消失后，再撤除隔离。物理防治方法可采用每公顷安装 5~6 盏杀虫灯诱杀各类害虫。

一、车轮虫病

1. 病因

由大量、多种车轮虫寄生于蝌蚪上引起的疾病。

2. 症状

体表出现薄层的白色或不透明的黏液及出血点。重症者鳃呈现苍白色及烂鳍。常浮于水面，不摄食直至死亡。检查蝌蚪见全身布满车轮虫。此病多发生在养殖密度大、蛙和蝌蚪苗发育缓慢的池中，流行于 5—8 月，有时会造成蝌蚪一夜大量死亡。

3. 预防措施

（1）减少蝌蚪池的养殖密度，用生石灰和漂白粉彻底清塘。

（2）对于苗种，可采用 0.7 mg/L 硫酸铜全池泼洒进行预防。

（3）苗种放养前，用 10~20 mg/L 高锰酸钾溶液浸浴 10~30 min。

4. 治疗措施

（1）发病季节使用 1.4 mg/L 硫酸铜和硫酸亚铁合剂全池泼洒。对于车轮虫病严重的养殖池，可以连续用药 2~3 次。

（2）每公顷水面用苦楝树枝叶 225 kg 浸泡池中，7~10 d 换一次，连续 3~4 次。

（3）发病个体用 20～30 g/L NaCl 溶液浸浴 5 min 左右，根据气温、个体的耐受程度灵活掌握，也有一定的疗效。

二、气泡病

1. 病因

蝌蚪养殖池内密度高，含氮量超标，池水过肥且水温较高，造成水中溶解的气体过分饱和，这些过分饱和的气体形成气泡，蝌蚪摄食过程中不断吞食气泡，气泡在蝌蚪消化管内聚集过多便引发气泡病。解剖后可见肠壁充血。

2. 症状

患病蝌蚪肠内充气，腹部肿胀，随气泡增大而失去平衡，离群仰游于水面。解剖后患病蝌蚪体内有大量气体（肠道、鳃、皮肤、血管），是蝌蚪养殖池夏天比较容易发生的一类疾病，若抢救不及时会造成大量蝌蚪死亡。

3. 预防措施

（1）换水与过塘，清除池中过多腐殖质，保持水质清洁新鲜，控制池中水生生物数量。

（2）消除重金属盐类，不使用发酵过的肥料来培育水质，防止水质过肥。

（3）蝌蚪养殖池在高温季节，需要提高养殖池水位，降低水温，或每 2～3 d 冲入新水一次，同时搭建遮阴篷。

4. 治疗措施

（1）立即换进新水，在高温期每两天注水一次，每次换去 1/3～1/2 的池水。

（2）用 3～5 mg/L NaCl 溶液全池泼洒，以缓解病情。

（3）将发病个体用捞网捞出来，放到清水中，并停食 2～3 d，3 d 后再投喂食物，便会自行痊愈。或把发病个体放到清水中并用 0.2 mg/L 硫酸镁溶液泼洒，2 d 后再放回蝌蚪培育池。

（4）补充富含钙和维生素的饵料。

三、水霉病

1. 病因

蝌蚪在捕捞和运输过程中受伤，由水霉或绵霉等的孢子侵入受伤蝌蚪体表引起，容易在蝌蚪越冬或者水温 10 ~ 15℃时爆发。

2. 症状

患病后水霉内菌丝生长于动物表皮，外菌丝在体表形成棉絮状绒毛，绒毛长度可达 2 ~ 3 cm，呈棉絮状，从伤口向四周扩散，菌丝吸收蝌蚪营养物质，引起蝌蚪体形消瘦、游动迟缓、躁动不安、食欲减退甚至停食死亡。感染水霉后，会进一步出现患病蝌蚪皮肤溃烂。蛙卵也会被霉菌侵袭，尤其是受伤或未受精的卵，导致正常的卵坏死，严重时会造成大批卵霉变死亡。

3. 预防措施

（1）做好蝌蚪池的消毒；定期更换养殖用水；运输、分池过程中小心操作，避免蝌蚪体表受伤。

（2）低温季节尽量避免捕捉和转运种蛙及蝌蚪。

4. 治疗措施

（1）蝌蚪池要洒生石灰彻底清塘。

（2）用 400 g/L NaCl 溶液、400 g/L 小苏打溶液浸泡患病蝌蚪，每次 10 ~ 20 min，连续浸泡数天可见效果。

（3）用 10 mg/L 高锰酸钾溶液浸泡患病蝌蚪，每次 20 ~ 30 min，连续 2 ~ 3 d。

（4）治疗时用 2 ~ 4 mg/kg 五倍子，煎汁后全池遍洒。

四、烂鳃病

1. 病因

由黏液球菌侵入蝌蚪鳃部所致。

2. 症状

蝌蚪鳃丝腐烂发白，鳃上附着污泥和黏液，呼吸困难，常游于水面，活动缓慢，严重者伴发其他疾病致死。

3. 预防措施

蝌蚪放养前，用生石灰消毒清池，防止水体污染。

4. 治疗措施

（1）对已受污染的蝌蚪池要用 10 mg/L 生石灰或用 0.5 mg/L 漂白粉调成水剂后泼洒，隔日再用 1 次，杀菌效果明显。

（2）对患病蝌蚪可用 0.7 mg/L 硫酸铜和硫酸亚铁合剂浸浴治疗。

（3）采用中草药黄连、五倍子、大黄和黄芩煎汁浸泡（其中每升水中含黄连 15 mg、五倍子 4 mg、大黄 3～5 mg、黄芩 3～5 mg），连续浸泡 3 d 即可。

五、出血病

1. 病因

主要是由于水质恶化，放养密度过高，被多种细菌和真菌感染所致。

2. 症状

发病蝌蚪腹水明显，腹部斑点状出血，肛门周围发红，离群运动，运动迟缓，在水面打转或静止不动，数分钟后下沉死亡；眼球突出，眼眶时有充血，表面覆盖一层红色黏膜，轻压则虹膜脱落；表皮溃烂、充血；传染很快，死亡率高，发病常在变态时后肢芽形成期。

3. 预防措施

保持池水和食台清洁卫生，经常换水消毒，及时清除残饵，饵料要新鲜无污染。

4. 治疗措施

先用有机酸进行水体解毒；外用 0.3 mg/L 聚维酮碘和 0.2 mg/L 大黄；内服每千克饵料添加恩诺沙星 3 g、复合维生素 3 g、双黄连 5 g，连续投喂 5 d。

六、红腿病

1. 病因

由嗜水气单胞菌感染引起，在水质恶化、养殖密度过大时更易发生。

2. 症状

腿部底侧、股内侧（严重者至腹下）皮肤呈红斑或红点状，蛙精神不振，活动迟钝，不摄食。解剖后脾肿大，肝、肾有出血点或出血斑。这是蛙类养殖发生最普遍、危害最严重的疾病，发病急、传染快、死亡率高。该病一年四季均可发生，但主要流行季节为3—11月，5—9月是发病高峰，在气温 25～30℃ 时发病率最高。

3. 预防措施

（1）降低养殖密度，定期换水，保持水体清洁，每 7 d 换池水一次，每次换 1/2。

（2）每周对全池用 10 g/L 漂白粉溶液泼洒消毒。

（3）常用漂白粉溶液清洗食台及养蛙用具，并在阳光下曝晒。

（4）发病季节可用复合碘、戊二醛等间隔消毒，用量为 1～2 mg/L。

4. 治疗措施

（1）一旦发病，应及时隔离，防止蔓延。

（2）在治疗时将病蛙捞出，放在 100 g/L NaCl 溶液中浸泡 5～10 min。

（3）将病蛙放入 30 mg/L 高锰酸钾溶液浸浴 15 min。

（4）治疗时，水体用 0.5 mg/L 复合碘消毒，同时在每千克饵料中添加磺胺嘧啶 2 g（第一天加倍）、恩诺沙星 3 g、肝肾康 4 g，连续投喂 5 d。

七、烂皮病

1. 病因

主要是外表受损后，导致细菌及真菌的继发感染。饵料单一，缺乏微量元素，尤其缺乏维生素 A 和维生素 D 是诱发该病的重要原因。

2. 症状

发病时背部皮肤失去光泽，发黑，接着表皮脱落，并出现腐烂，露出背肌，逐渐扩大到躯干乃至整个背部，最后全身呈白色，停止摄食。此病不但危害蛙类的各种器官和组织，而且病原分泌的有毒物质也严重危害着蛙类的生命安全，传染快，7 ~ 10 d 池内大部分蛙可同时发病，死亡率高。

3. 预防措施

（1）饵料多样化，切忌单一，每 4 ~ 5 d 至少喂一次动物内脏，如猪肝、牛肝等。

（2）每 7 ~ 10 d 用 1 ~ 2 mg/L 漂白粉全池泼洒一次，每 10 d 换水一次，每次换水 1/3。

3. 治疗措施

（1）将病蛙捞起用含维生素 A 较高的动物内脏拌磺胺类药物人工喂养，另加鱼肝油丸一粒，连续投喂 3 ~ 4 d。

（2）将病蛙置于 50 ~ 100 g/L NaCl 溶液中浸泡 5 min，连续使用 3 ~ 5 d。

（3）将病蛙置于 10 mg/L 高锰酸钾溶液浸浴 20 ~ 25 min，连续 3 ~ 5 d。

（4）治疗时在每千克饵料中添加氟苯尼考 2 g、双黄连 4 g、鱼肝油 5 ~ 10 g，连续投喂 5 ~ 7 d。

八、腹水病

1. 病因

主要由温和气单胞菌感染引起，水质恶化，养殖密度过大时，易发此病。

2. 症状

蝌蚪感染后，行动缓慢，反应迟钝，浮于水面，不久死亡；病蛙行动缓慢，四肢乏力，不摄食或摄食很少，体表无明显异常，腹部膨胀肿大极为明显，解剖可见腹腔内有大量积水，腹水呈淡黄色或红色，部分病蛙有肝肿大现象。

3. 预防措施

合理控制放养密度，及时换水，保持水质清新；饵料要多样；注意消毒。

4. 治疗措施

（1）用 1 g/L 聚维酮碘进行池水消毒。

（2）同时在饵料中添加 40 mg/kg 保肝宁、10 mg/kg 恩诺沙星、40 mg/kg 双黄连以及 50 mg/kg 氯化钠合剂，连续投喂 5～6 d，之后每千克饵料分别添加 10 mg 双黄连和保肝宁，直至腹水病症状消失。

九、胃肠炎

1. 病因

病原为点状气单胞菌，主要由于水体不洁和饵料变质导致肠道微生物菌群失衡引起。

2. 症状

发病初期病蛙栖息不定，行动不安，四处窜动，喜欢钻入泥中、草丛、角落、池边。后期病蛙身体瘫软，跳动无力，不下水，停止摄食，常弓头缩背或伸腿闭眼，有时会在水中不停地打转，有时会突然大叫，半沉半浮死于水中，一般 7～10 d 死亡。患病蝌蚪腹部肿胀，容易出现吃得多死得快的现象，而且患病蝌蚪反应迟钝，游动迟缓容易被捕捞。解剖腹内组织充血，肠胃内壁发炎，肠内少食或无食，有较多红黄色黏液，常与红腿病并发。传染率高。此病多发生在春夏、夏秋之交，传染性强，死亡率高。

3. 预防措施

（1）投喂新鲜的饵料，不投喂腐败食物，食台要清洁卫生，经常清除残饵。

（2）每 10 d 用 1～2 mg/L 漂白粉溶液泼洒全池。

（3）放养蝌蚪前要用生石灰消毒。

（4）天气变化时，提前减少 30%~40% 饵料投喂，长期在饵料中添加 EM 菌、酵母菌等进行预防。

（5）在发病季节，每千克饵料中适当添加 2 g 大蒜素进行预防。

4. 治疗措施

（1）将大蒜和生姜捣碎，然后稀释，投喂到养殖水体中，连续3~4 d。

（2）治疗时，每千克饵料中添加恩诺沙星 5 g 或氟苯尼考 5 g，连续投喂 5 d。

（3）治疗时，每千克饵料中添加磺胺嘧啶 2 g（第一天加倍）、恩诺沙星 3 g、小苏打 20 g、黄芪多糖粉 0.5 g，连续投喂 5 d，并在水体中用 0.5 mg/L 二氧化氯消毒。

十、烂尾病

1. 病因

主要是车轮虫寄生在蝌蚪皮肤表面时，吸食皮肤组织细胞，刺激其分泌黏液，容易发生在养殖密度大的养殖池。

2. 症状

寄生于蝌蚪鳃组织上时，引起蝌蚪食欲不振甚至停食，游动迟缓或者离群活动，患病蝌蚪体表容易出现青灰色斑点、鳃丝肿胀，体表黏液增多，会使鳃腐烂，影响呼吸，导致死亡。

3. 预防措施

加换新水，降低密度；做好巡塘和水质检测。

4. 治疗措施

用 1.4 mg/L 硫酸铜和硫酸亚铁合剂全池泼洒；或用苦楝树叶煮水（25 g/L）全池泼洒，检测水质，注意换水；将韭菜切碎与黄豆酱混合磨浆，全池泼洒 2~3 次，具体使用韭菜量视养殖水深而定。

十一、脑膜炎

1. 病因

本病病原是脑膜炎败血黄杆菌。水质不良、水温变化较大时多发此病，其危害的对象主要是 30 g 以上的成蛙。

2. 症状

病蛙精神不振，行动迟缓，食欲减退，发病蝌蚪后肢、腹部和口周围有明显的出血斑点。部分蝌蚪腹部膨大，仰浮于水面不由自主地打转，有时又恢复正常。解剖可见腹腔大量积水，肝发黑肿大并有出血斑点，脾缩小，肠道充血。病期大多集中在 7—10 月，其特点是高死亡率（可达 90% 以上），病期长，传染性强。

3. 预防措施

（1）养殖过程中勤换水，合理规划养殖密度。

（2）养殖池的水源必须是新鲜水源，一旦发病，且不可将发病池的水引向其他池塘。

4. 治疗措施

（1）对病蛙做彻底焚烧处理，对病蛙池进行彻底消毒。

（2）治疗时，外用 1 mg/L 聚维酮碘，连用 3 d；内服每千克饵料中添加氟苯尼考 5 g、磺胺嘧啶 5 g（第一天加倍）、双黄连 5 g，连续投喂 5 d。

十二、白内障

1. 病因

病原为脑膜败血伊丽莎白菌、乙酸钙不动杆菌、布氏柠檬酸杆菌。当气候变化，温差太大或水质恶化时，病原侵入，使脑压增加，眼膜承受过高压力，防疫系统会增生眼膜来保护眼球，造成眼膜角质化形成白膜。

2. 症状

病蛙双眼有一层白膜覆盖，呈白内障状，但水晶体完好，后肢呈浅绿色，皮下肌肉呈黄绿色，解剖可见肝呈黑色、肿大，胆囊明显变大，胆汁变绿，肠基本正常。病蛙蹲伏不动，不摄食。该病传染快，死亡率非常高。

3. 预防措施

保持水质清新，环境清洁，定期用 30 mg/L 生石灰泼洒消毒；保持饵料新鲜，并维持其营养平衡，饵料中适量添加维生素 C 及其他维生素。

4. 治疗措施

治疗时，在每千克饵料中添加氟苯尼考 5 g、肝肾康 2 g、甘胆口服液 2 mL，连续投喂 5 d。

第三节　敌　害　防　治

一、蝌蚪的敌害防治

1. 藻类

（1）危害　消耗池中的养分；蓝藻大量繁殖时会产生毒素；常缠住蝌蚪，导致蝌蚪死亡。

（2）防治措施　放养蝌蚪前，用生石灰清理田间沟；大量繁殖时，全池泼洒 0.7～1.0 mg/L 硫酸铜溶液，用 80 mg/L 生石膏水分 3 次全池泼洒，每次间隔 3～4 d；适当施肥或使用杀藻剂。

2. 水生昆虫

（1）危害　常捕食蝌蚪；水斧虫和水鳖虫会吸食血液；剑水蚤消耗池中溶解氧，又会咬死蝌蚪；蜻蜓幼虫也能从腹部咬死蝌蚪，危害较大。

（2）防治措施　放养蝌蚪前，用生石灰清理田间沟；用 0.5 mg/L 晶体敌百虫全池泼洒可杀灭甲虫、水斧虫、龙虱、水蜈蚣、剑水蚤、水鳖虫和松藻虫；0.2 mg/L 速杀丁灭全池泼洒，可杀灭小龙虾；灯光诱杀可杀灭水蜈蚣。

3. 鱼类

（1）危害　吞食蛙卵和蝌蚪。

（2）防治措施　清理田间沟，发现后立即杀灭；进排水口用滤网过滤。

4. 哺乳动物

（1）危害　捕食蝌蚪。

（2）防治措施　对洞穴灌药，杀死鼠、鼬鼠及水獭；密封稻田，防治哺乳动物入内；在稻田周围装捕鼠夹、捕鼠笼或化学灭鼠剂等，进行人工捕杀。

5. 爬行动物

（1）危害　捕食蝌蚪。

（2）防治措施　对洞穴灌药，杀灭水蛇；加固防逃网，及时修补，防止爬行动物进入。

6. 家禽及鸟类

（1）危害　捕食蝌蚪。

（2）防治措施　不放任何家禽到稻田内，做好养殖场的围栏安全防护；捕捉或驱赶非保护动物的鸟类，驱赶国家保护的鸟类；可在养殖场上方罩一层防护网。

二、蛙类的敌害防治

1. 水蛭

（1）危害　吸附于蛙类皮肤吸食血液，使蛙类致死。

（2）防治措施　取丝瓜络浸泡动物血约 10 min，自然晾干后，放入稻田进行诱捕，每隔 2~3 h 取出来抖下钻在里面的水蛭；放养前，用生石灰清理田间沟，全池泼洒；保持水质清洁，减少水蛭。

2. 鱼类

（1）危害　捕食幼蛙。

（2）防治措施　清理田间沟，发现后立即杀灭；进排水口用滤网过滤。

3. 哺乳动物

（1）危害　捕食幼蛙。

（2）防治措施　对洞穴灌药，杀死鼠、鼬鼠及水獭；密封稻田，防治哺乳动物入内；在稻田周围装捕鼠夹、捕鼠笼或化学灭鼠剂等，进行人工捕杀。

4. 爬行动物

（1）危害　捕食蛙类。

（2）防治措施　对洞穴灌药，杀灭水蛇；加固防逃网，及时修补，防止爬行动物进入。

5. 家禽及鸟类

（1）危害　吞食蛙类。

（2）防治措施　不放任何家禽到稻田内，做好养殖场的围栏安全防护；捕捉或驱赶非保护动物的鸟类，驱赶国家保护的鸟类；可在养殖场上方罩一层防护网。

第四节　疾病预防

对于黑斑蛙病害，要坚持以防为主，做到"无病先防，有病早治"，才能减少或避免病害的发生。蝌蚪或蛙病害的预防工作，主要是通过消灭或控制病原，切断病原的传播途径以及增强机体抵抗力来降低患病概率。因此为防止蛙发病要做好以下几点。

一、彻底清池

养殖池是蛙类生活栖息的地方，也是蛙类病原滋生及贮藏场所，养殖池环境的优劣，直接影响蛙类的生长和健康，所以每年要结合蝌蚪、成蛙的起捕和分养，进行各种生产用池的清整消毒。

通常所说的彻底清池包括两方面，清整养殖池就是指清除池塘里妨碍蛙类生活生长的杂物，并加固和修复池堤和防逃墙；药物清理（即消毒）就是指用药物等杀灭养殖池内的病原和寄生虫，防止其繁衍致病，目前生产上常用的清理药物主要有生石灰、漂白粉、氨水、巴豆等。方法为排干池水，每 100 m² 用 8 kg 生石灰溶于水后全池均匀泼洒，两天后灌水浸泡 10 d，然后把水排出，放养前灌入清水，两天后测定 pH，适合后再放养。

二、养殖池的监测

（1）早晚巡池，观察水质等变化，并勤于观察黑斑蛙的活动、摄食、皮肤表面和四肢等情况。

（2）根据水质情况经常加注清水，改善水质。一般 3～4 d 加水一次，高温季节 1～2 d 加水一次，当水质过浓或有恶化迹象时，须及时加注新水，严重时可以彻底换水，维持蛙池适宜的生态环境。

（3）坚持早晚巡池，检查围栏有无漏洞，蛙摄食、活动状况，以及是否外逃、有无病害等，尤其雨天更要注意做好防洪、防逃工作。

（4）在蛙田四周挂刺网，防御鼠、鸟、蛇和黄鼠狼等敌害。

三、引种时严格检疫

选用培育出的生存力强、无病害成年种苗为种源，从源头控制发病率。引种标准主要包括体质健壮、无病无伤、行动活泼、品种特征明显、达到性成熟等方面。种质的优劣，不仅直接影响其产卵率、受精率、孵化率乃至成活率，而且对蝌蚪及蛙的生长发育及产量也产生很大影响，因此黑斑蛙养殖必须注意做好种蛙的引种。

此外，还要对选出来的种蛙进行消毒，多年的实践证明，即使健康的蛙，也难免带有一些病原。因此，若放养不经消毒处理的幼蛙，仍会把病原带入养殖池中。

四、合理规划养殖密度

科学合理的放养密度有利于优化养殖环境，不仅能提高养殖单位面积的效益，还可以促进生态平衡，尤其是保持养殖水体的微生态平衡，从而有效预防传染性疾病的发生；此外，还有利于蛙类的摄食。合理的养殖密度应根据养殖场的场地、水源、蛙的大小及养殖技术而定。同时也要注意分批上市（捕大留小），提升养殖空间。

五、饵料和工具消毒

在黑斑蛙的养殖中多使用动物性饵料，而动物性饵料比植物性饵料更易发霉，若投喂发霉变质的饵料，或饵料本身就带有蛙体易感病菌或寄生虫，致使病原进入蛙体内，也会引起疾病，因此投放的饵料必须是清洁、新鲜且经过消毒处理。此外，还需要特别注意饵料的收集、运输和贮藏的方法，避免变质过期。

此外，养蛙的各种工具，往往也是疾病传播的媒介，因此发病池所用的工具，应与其他养殖池使用的工具分开，避免将病原从一个养殖池带到另一个池中，并且这些工具也需要定期进行消毒。

六、流行季节前的药物预防

大多数蛙病的发生都有一定的季节性。多数蛙病在 3—11 月流行，尤其是在 5—9 月。因此，掌握发病规律，及时有计划地在蛙病流行前进行药物预防，是种有效的措施。

1. 体外蛙病的药物预防

根据养蛙经验，在蛙病流行季节前，用杀虫类及灭菌类药物全池遍洒预防效果较好。所选用的药物种类及浓度与治疗方法相同，施药前必须进行实验，证明对蛙无害方可大量用药，毒性消失后才能够放养。

2. 体内蛙病的药物预防

体内病原的药物预防常采用口服法，将药拌在饵料中制成药饵投喂。用药的种类、药量及次数与治疗方法一样，因各种蛙病而不同。

要注意合理用药，极力避免滥用药物。药物有良好的防治病害作用，但也会污染环境，使养殖水体的微生态失去平衡，并引起某些微生物产生抗药性。因此，在病害防治的过程中，要做到正确诊断和对症下药，并应选用疗效好、副作用小的药物。

七、避免交叉感染

养殖过程中，尤其是发病高峰期，生产管理者必须定期采集水样和蛙检测，做到有病早发现、早治疗。一旦发现有发病个体后，应及早采取严格的隔离措施，并进行群体预防和个体治疗，尤其是对于传染性强的疾病。病蛙应进行消毒深埋或销毁处理。发病池的池水未经消毒后不能排出，以免传染给其他蛙池或蛙场。生产工具未经消毒也不能用于其他蛙池。

八、提高蛙类自身体质及其抗病能力

1. 做好培育工作

（1）蝌蚪培育　　在养蛙的过程中，蝌蚪培育是重要的环节之一，蝌蚪的健壮与否直接影响变态的成活率以及幼蛙的抗病能力。在养殖蝌蚪的过程中，要做好以下几点。选择优良的亲本以及适宜的繁殖地，相应的消毒工作要做好；要配置良好的孵化设备，如网箱、塑料铺膜育苗池、增氧设备等；亲本在产卵前应在饵料中添加适量的维生素 E；之后合理投喂强化营养，提高体质，注意不要使用抗生素，要注重保健。

（2）幼蛙食台驯养　　食台面积要大，利于幼蛙均匀摄食，保证均匀度，从而提高产量；此外商品蛙和亲蛙要独立养殖，并且要配有专门孵化池、蝌蚪养殖池。

2. 养殖管理

通过养殖管理增强蛙体对致病因素的内在抗病力，坚持"四定"原则投饵。

（1）定质　　投喂的饵料要新鲜、适口、营养全面，并不含病原或有毒物质。

（2）定量 每次投饵的数量要均匀适当，若有剩余的残渣，应及时捞掉，不应任其在池内腐烂发酵，破坏水质。

（3）定位 投饵要有固定的食场，使蛙能养成到固定地点摄食的习惯，这既便于观察蛙类动态，检查蛙摄食情况，又便于进行药物预防工作。

（4）定时 投饵也要有一定的时间，可随季节气候变化适当调整。

3. 加强日常管理

坚持每天巡塘，及时发现与清除敌害。如发现蛙类活动异常，应查明原因，及时采取措施。做好池塘清洁工作，池内残饵、污物、死蛙应随时捞去。清除池边杂草，保持良好的池塘环境。死蛙不能随便乱丢，以免病原扩散。

4. 细心操作，防止蛙体受伤

在水环境中或多或少地存在着致病菌和寄生虫，蛙体一旦受伤，就有可能造成病菌或寄生虫的侵袭。因此，在运输、搬运、投放、分散等生产环节中，操作应当认真细心，防止蛙体因受伤而感染疾病。此外也要注意防止蛙体互相咬伤、撞伤。

5. 减少机体的应激反应

由于蛙是一种变温的动物，并且还胆小，多种因素都会引起蛙的应激反应，如受到人为干扰以及水温变化很快等，特别是对水温的变化很敏感。一旦应激反应过于强烈或是持续的时间较长，机体就会因为大量的消耗能量，使抗病的能力逐渐下降，从而引起疾病的暴发及流行。

第五节　药物选用及用法

一、药物选用

1. 选用原则

（1）有效性 在用药时应尽量选择高效、速效和长效的药物，用药后的有效率应达到 70% 以上。但是有些疾病可少用药或不用药，如蛙类营养缺乏症和一些环境应激病等。

（2）安全性　主要表现在以下 3 个方面：在杀灭或抑制病原的有效浓度范围内对水产动物本身的毒性损害程度要小；对水环境的污染及其对水体微生态结构的破坏程度要小，甚至对水域环境不能有污染；对人体健康的影响程度要小。

（3）廉价性　选用蛙药时，应多做比较，尽量选用成本低的蛙药。

（4）方便性　由于给蛙用药极不方便，可根据养殖品种及水域情况，确定药物使用方法，如局部药浴法、浴洗法、泼洒法、内服法、注射法、涂抹法等。

2. 辨别药物的真假

（1）"五无"型药物　即无商标标识、无产地、无生产日期、无保质期、无合格许可证的蛙药。

（2）冒充型药物　一是商标冒充，即不法商家根据市场畅销的蛙药打出同样的包装和品牌；二是一些厂家利用一些药物的可溶性特点，将粉剂药物改装成水剂药物，然后冠以新药投入市场。

（3）夸效型药物　即蛙药厂家不顾事实，肆意夸大诊疗范围和疗效。

3. 选购药物的注意事项

要在正规的药店购买，注意药品的有效期；特别要注意药品的规格和剂型。

4. 正确计算用药量

内服药和外用药的用药剂量不同，应注意区分。

二、用药方法

1. 局部药浴法

把药物尤其是中草药放在布袋、竹篓或泡茶纸滤袋里挂在投饵区，形成一个药液区，通常要连续挂 3 d，只适用于预防及疾病的早期治疗。

2. 浴洗法

将有病的蛙集中放在药液中进行短时间浸浴，杀灭体表病原。一般短时间内使用浓度高的药液，药液浓度低时，浴洗时间可长些。常用药有漂白粉、高锰酸钾、氯化钠、二氧化氯、聚维酮碘等。

3. 泼洒法

根据不同病情和田间沟水量进行药液泼洒。可较彻底杀灭病原，但是用药量大。

4. 内服法

把药物或疫苗掺入患病蛙类的饵料中，可杀灭体内病原。常用于预防或患病初期，同时要在蛙类有一定食欲的情况下使用。

5. 注射法

对各类细菌性疾病注射水剂或乳剂抗生素，常采用肌内注射或腹腔注射，以杀灭体内病原，直接注入体内，吸收快，效果好，还可以补充水分及营养。要注意注射前对蛙类体表进行消毒、麻醉处理；注射方法和剂量要合适，切记用长针、粗针；注射角度要正确；严格消毒；药液用量不宜多；往口腔内注药要讲究技巧等。

6. 涂抹法

以高浓度的药剂直接涂抹在蛙类体表患病处，以杀灭病原。主要治疗外伤及蛙类身体表面的疾病，常用药为碘酒、高锰酸钾等。涂抹前必须先将患处清理干净。优点是用药量少、方便、安全、无不良反应。

第六章

蛙的起捕运输

　　随着养蛙业的发展，引进种蛙和供应市场的商品蛙都需要捕捞与运输。引进的种蛙需要身体健康并具备完整的生物学特性，要求个体大、皮肤色泽光亮、健壮活泼、跳跃能力强。

　　运输的成败取决于运输前的准备工作及运输方法，若运输不当会导致蛙体内环境紊乱、排卵延迟或停止，甚至引发疾病，因此需要采取正确的运输方法。若掌握了正确的捕捞方法和运输方法，就可减少损失，提高经济效益，促进养蛙业蓬勃发展。

第一节　捕　捞　方　法

一、蝌蚪的捕捞

　　蝌蚪具有群居性，活动缓慢，比鱼类更容易捕捞。蝌蚪孵出后20～25 d直到后肢长出都可以捕捞运输，刚孵出的蝌蚪或处在变态高峰期的蝌蚪不适合捕捞运输。

　　捕捞的方法视蝌蚪池的大小而有所不同。大面积的蝌蚪池，可用渔网捕捞，网两端站1人，中间站1人，慢慢下水朝同一个方向移动，同时拉网收拢，即可将大部分蝌蚪捞起；一般中等大小的蝌蚪池，可用长3～4 m的塑料纱布，两端各1人，中间1～2人，捕捞效果也很好；而小的蝌蚪池，则用塑料纱布、铁圈做成的小捞网捕捞。无论用哪种捕捞方法，捕捞时动作都应该轻慢，不能过快过急，以免损伤蝌蚪。

二、成蛙的捕捞

按照"捕大留小，分批捕捞"的原则，根据市场需求适时捕捞。一般在 9 月开始陆续捕捞上市。捕捞时先在夜间用聚光灯照着用网兜（或地笼）捕捞，最后将田块内水排干捕捞。

成蛙的捕捞方法与幼蛙的一致，即有 7 种方法进行捕捞：灯光捕捞、挖穴捕捞、拉网捕捞、钓捕、手工捕捞、草把诱捕、投饵诱捕。

1. 灯光捕捞

灯光捕捞利用的是黑斑蛙昼伏夜出、畏光的习性。晚上在蛙栖息的地方，用手电筒照明，灯光照射黑斑蛙，蛙因畏光而不敢动，再伺机用手或网兜（网口直径 20～30 cm，网长 50 cm 以上，柄长 1～2 m）捕捞。也可在夜间将一盏灯放在蛙栖息地，蛙见灯光而来，即可用网或手捕捞。

2. 挖穴捕捞

蛙白天大多隐藏于洞穴中，冬眠时，有的钻入松软土中或枯树落叶中。可根据蛙的这些特性，找寻其洞穴，即可捕捞。

3. 拉网捕捞

网捕法是传统的捕蛙方法，效率较高。捕蛙网具主要是抬网。抬网是一种小型网，分网柄、网片、网坠三部分。大面积围捕法适合面积较大、水较深、池较平坦的养殖池。方法是先撤除池底石块和其他障碍物，然后拉网捕捞。抬网捕蛙需要两人合作，一人操持网具，将网安放在水边，另一人用耙或镐等工具翻动隐蔽物，把蛙翻动出来，使其进入网袋中，将网提起，捡出网中蛙。收网时，要将网口迅速收拢在一起，防止蛙逃跑。

第二种网捕方法是选择一个小网格的网，这样的网较容易控制蛙。黑斑蛙成蛙体长 70～80 mm，雄性略小，网格要足够小，才能保证即使那些体型很小的蛙也不容易逃脱。捕鱼用的大网格网不适合用于捕黑斑蛙，因为黑斑蛙的头和腿都能很轻易地穿过网格从而受伤。而捕蝴蝶的网因其太不结实也不适合用于捕蛙。网口须呈圆形并且要足够大，这样才能完全罩住黑斑蛙。同时，网口还要有一定的弹性，能帮助追捕那些躲在石头或原木周围的黑斑蛙。

网杆的长度应适合于个人的身体活动范围，也可以比正常的长度稍微长一点。但是类似于捕蝴蝶用的那种较长的网杆就不适合用于捕黑斑蛙，短一些的网杆更易于挥舞。

4. 钓捕

用 1 ~ 2 m 长的竹竿一端系一根透明尼龙线（长 2 ~ 3 m）以泥鳅、蝗虫等为诱饵，将其捆扎于线端。操作时，手持钓竿，在饲养池黑斑蛙栖息处上下不停地抖动，蛙前往争相捕食，待其咬紧时，即迅速收竿，投入准备好的网袋中。此外，对于较浅的水体，可下水于池边、洞穴中徒手摸捉。如需要将饲养池中的蛙全部捕捞起来，则必须翻动石块或掏挖洞穴、淤泥，仔细寻找方能捕尽。

5. 手工捕捞

根据蛙生活的不同环境，直接从其栖息地捕捞。若蛙隐蔽在石块下，则翻石捕蛙；若蛙隐蔽在沙窝中，则要翻沙捕蛙；若蛙栖息在洞穴内，则要掏洞捕蛙。方法是轻轻地、缓慢地靠近黑斑蛙，然后迅速抓住它的臀部，并且让蛙的后腿伸直，把黑斑蛙提起来。黑斑蛙被抓起来后会挣扎着往外跳，因此要让它的腿是伸直的。但切记不要用力过猛，否则会伤到蛙。

6. 草把诱捕

根据黑斑蛙的栖息习性可以用草把诱捕。即用草或作物秸秆，捆扎成直径 30 cm 左右的草把，放于蛙的生活区，并用石块压住，蛙将钻入草把休眠。捕蛙时用钩子将草把迅速提上来放到水边，打开草把取出隐蔽在其中的蛙。再把草把放入水中，这样反复进行捕捞。

7. 投饵诱捕

可先将较大网勺沉于水底，然后在网圈水面上投喂饵料，待黑斑蛙过来捕食时，手持网柄，将网迅速提起。也可用网勺在池边食台上进行诱捕。

第二节 运 输 方 法

一、蝌蚪的运输

1. 运输准备工作

（1）停食 蝌蚪运输前要在池内或网箱中密集暂养6～24 h，停食1～2 d，让其排净粪便，以减少运输容器内的水质污染，并使其适应运输时的密集生活。

（2）密集锻炼 一般长途运输前需要密集锻炼3次，短途运输需要锻炼1次，主要使其排光粪便，以免污染运输水体。

2. 运输工具

运输蝌蚪与运输鱼苗的方法类似，可用肩挑，也可用车、船运输。

用肩挑时，每人肩挑或自行车推运两桶（篓），运输中因有节奏地颤动，使桶（篓）水随着步伐有规则地起伏波动，以增加水中溶解氧含量。用木桶运输时，桶可采用底大口小的，这样可保持稳定，防止桶身摇晃蝌蚪被甩出桶外，造成损失。

少量装运可以使用泡沫箱进行，但因较沉，运输途中容易发生泡沫箱碎裂，因此内部必须衬装塑料袋。若大批量汽车装运时，用渔篓、塑料桶立在车厢中。长途运输最有效的是塑料袋充氧运输。先在塑料袋中装入1/3的水，装蝌蚪后充入氧气，至袋稍膨胀时止，然后扎紧袋口，装入纸箱或木箱中，以免受损破裂。

3. 运输密度

装运密度因季节、运输时间长短、蝌蚪大小而不同。当气温比较低且距离较近、运输时间较短时，运输的密度可大些，反之则应降低密度。

短途运输装运密度为每升水装10～50尾，温度高或个体大的，装运密度应小；温度低或个体小的，装运密度应大。长途运输装运密度为每升水装 3～5 cm 长的蝌蚪 40～60 尾，6～8 cm 长的蝌蚪 25～30 尾，8 cm 以上的蝌蚪 15～20 尾。若 24 h 内能到达的，途中可不再换水充氧。

4. 运输注意事项

（1）禁运　体长 1 cm 以下的蝌蚪不宜运输。蝌蚪生出后肢及前肢，处于生理习性改变的变态期，运输途中的颠簸极易引起死亡，禁止运输。

（2）锻炼　无论是肩挑还是车运，均是高密度运输，为适应这个运输环境，在运输前一天，要将全池蝌蚪捕起放到网箱里进行密集锻炼，增强其体质。蝌蚪密集锻炼宜选择运输前一天上午太阳升起以后进行，将用条网捕起要运输的蝌蚪放进网箱密集暂养 6～24 h。

（3）控温　不论用什么方法运输蝌蚪，都需要注意控制温度。若夏季运输要注意降温，可将冰块置于尼龙袋外或置于运输的车厢内降温，切勿使容器内的水温超过 30℃，水温过高会导致蝌蚪代谢旺盛而造成水质恶化；冬季运输则要注意保温，必要时要加温。常用的方法是用白色塑料泡沫包装箱代替纸板箱盛放充氧的尼龙袋。箱内空隙处再塞以破旧棉絮或木屑粉，车厢外用帆布遮盖，切勿使容器内的水温低于 5℃。

（4）增氧　汽车运输可用击水板经常击水，特别在汽车停驶时，更要增加击水次数，以防水中缺氧。运输途中，可用空气压缩机增氧。若汽车抛锚或空气压缩机故障，无法增氧，则应立即换水增氧。所换的新水水质要优良，无毒无害，氧气充足，水的温差不可超过 2～3℃。尼龙袋补充氧气，也要先换水后充氧。对于袋破而引起缺氧的，则应先换袋、换水，再补充氧气。

（5）换水　运输过程中要定期换水，及时捞去死伤蝌蚪，保持水质。换水时水的温差不要超过 2℃，新换的水最好是水质好的池水，不能使用污染严重的水和刚放出的自来水。运到目的地后不能立即下池，应该先把尼龙袋放入预先准备的蝌蚪池中，多次反复调节好运输水体与池水的温差，待水温一致时，再解开尼龙袋将蝌蚪徐徐放入池水中。

二、商品蛙的运输

1. 运输准备工作

成蛙应当选择个体壮、健康活泼的蛙，有病、有伤的蛙要剔除。成蛙食量大、排泄物多，体表有大量黏液，因此要将待运输的成蛙放在清水中暂养 1~2 d，并停止投喂饵料，让其排空粪便，空腹运输。

快要装运时，可用一些清水将幼蛙体上的泥浆、污泥等冲洗掉，以免污染运输工具，影响成活率，然后再分级装箱。成蛙个体活泼，易跳跃，可在容器内分隔成小室，气温超过20℃时，应在箱底放些碎冰，冰上再垫一层水草或湿纱布等，以增强保湿、降温和防震效果，确保安全运输。各小室放 3~4 只成蛙，或者把每只成蛙装入一小网袋内，网袋要浸湿，扎紧袋口，再把小网袋放入各小室内，这样既可以防止成蛙跳跃受伤，也可防止成蛙相互拥挤、堆压致死。

运输前还要认真检查装蛙的容器是否完好无损，要保证这些容器不会让蛙逃走或令蛙在运输途中死亡。

2. 装蛙器具

成蛙运输时的装蛙器具比较简单，容易制作。因蛙是水陆两栖动物，装蛙的器具要选择透气性好、干净的，常用器有以下4种。

（1）桶　可采用木材、塑料、金属等根据需要制作，装蛙时，要在里面装入海绵，使蛙在里面跳动时不易擦伤皮肤，若是内壁光滑的塑料桶则不用装入海绵。无论用什么材料制作的桶，都要在桶身和桶盖上留适量的孔，便于空气流通，避免蛙因窒息死亡。

（2）纸箱　主要材料为硬纸板，大小规格可根据需要选择。使用时在纸箱上部和四周打一些小孔以便于空气流通，箱子底部可垫塑料袋，防止淋水时底部受潮损坏。由于纸箱易破损，主要用于蛙的短途运输。

（3）竹篓（筐）　用竹篓（筐）时其高度以 12 cm 为宜。可先制作与竹篓（筐）大小相同的塑料纱网袋，在竹篓（筐）底放些水草，然后将黑斑蛙装入网袋中，再放进竹篓（筐）中，以防蛙跳动时碰伤皮肤引起感染。

（4）泡沫箱　主要材料为白色泡沫，大小规格可根据需要选择。使用时在泡沫箱上部和四周打一些小孔以便空气流通。装运前，箱底要放些冰块或碎冰，再垫些潮湿的海绵、水草等，以使蛙体保持清爽，环境湿润。泡沫箱因质地轻巧、软硬适中，还可重叠运输，提高运输效率，因此使用效果较好。

3. 装箱密度

成蛙个体大，跳跃能力强，应先将蛙装入小袋中，布袋、塑料编织袋、网袋均可，每袋装蛙 5～10 只，装箱密度根据个体大小及气温而定，再把小袋放入桶、纸箱、竹篓（筐）或泡沫箱中。这样既可以防止蛙跳跃碰撞受伤，又可避免蛙在箱内拥挤、堆压致死。

要根据天气状况、路程和时间长短、个体大小、健康状况等因素来决定成蛙的装箱密度。运输时气温高则装箱密度小，气温低则装箱密度可大些。远距离、长时间运输时，装箱密度要小；短途运输则可提高装箱密度。蛙个体越大，途中耗氧量也越多，装箱密度应小一些；个体小的蛙，装箱密度可大一些。运输的蛙健康、体质好，则装箱密度可提高，反之则需要降低装箱密度。通常装箱密度以不拥挤为原则。

4. 运输工具

黑斑蛙的长途运输工具除了汽车外，用飞机或火车均可运输。用泡沫箱装运时可把各箱层叠起来。如果长时间运输，路途中必须注意常淋水、保温、透气，并且要防止强烈的振动。空运速度快，极大地节省了运输时间，而且运输时装箱密度可相对高一些。空运蛙一般用泡沫箱重叠装运，可把蛙先放入湿润的大网眼袋中，扎紧袋口后，轻放入箱进行运输。

5. 运输注意事项

（1）消毒 装运前应对蛙体和运输工具进行消毒，消毒用 10 mg/L 高锰酸钾溶液，水的深度以淹没蛙体为宜。

（2）控温 尽量选择阴凉天气运输蛙，防止温度过高，引起蛙缺氧或高温死亡；而气温过低，会造成低温不适，甚至冻伤。运输气温最好选择在 15~25℃，温差不超过 3℃。

（3）装箱密度要适宜 长途运输装箱密度不宜过高，且应经常用干净无污染的水淋蛙，坚持每 2~3 h 淋水一次，以保持蛙皮肤湿润，便于呼吸；因蛙皮肤没有防止水分蒸发的功能，如果不用淋水的方法保持蛙体表的湿润，易造成蛙体失水而死亡。在炎热天气运输蛙时，还可在淋水中加入冰块降温。当容器中有脏水累积时，要及时冲洗干净。

（4）分层淋水 不能只从最上层淋水，使水自上而下淋下来，这样易使上层蛙的粪便流到下层蛙的皮肤上。因蛙靠皮肤吸收水分，这样下层蛙因吸收了上层流下的污水而造成中毒死亡。

（5）保湿 在运输工具的周围围上一层湿布，不但可防止室外过高过低温度对蛙的影响，而且能起稳温、防风、保湿的作用。

（6）防逃 运输过程中要密切注意蛙的情况，及时发现问题，要严格检查容器，发现破漏立即修补，防止蛙逃逸。运输尽量做到快速、平稳、安全、准点，提高运输成活率。尽量缩短运输时间，防止振动、碰撞。

第七章

稻蛙综合种养实例

第一节　HACCP 体系在稻蛙综合种养中的应用

HACCP（hazard analysis and critical control point，危害分析与关键控制点）体系是国际上普遍认可的食品安全管理体系，在养殖和加工等领域有着广泛的应用。稻蛙共生是指在种植水稻的田块中同时养殖黑斑蛙的一种综合种养模式，其充分利用蛙的生态价值，来降低稻田病虫害风险以及农药使用成本，改善土壤成分，增加稻田的产量，从而实现"一水两用，一田双收"。在稻蛙综合种养模式中应用 HACCP 体系，能够减少可能的风险，进一步实现稻蛙共生综合种养无害化、标准化和规范化，最终保障产品质量安全。

一、综合种养基地概述

基地位于江西省抚州市东乡区蛤蟆头稻渔综合种养专业合作社，该基地有着优质、充足的水源，水质符合国家渔业水质标准，且基地 10 km 范围内无工业和农业废水、废气、废渣等污染源。

二、HACCP 体系在稻蛙综合种养中的应用分析

1. 稻蛙共生综合种养流程

综合利用稻田内水资源、植物资源和共生生物资源，并结合水产养殖的八要素设计种养流程：稻田选址与改造→水质监控→稻种选择与栽种→蛙苗选择与投放→肥料和饵料质量控制→田间日常管理→病虫害防控→产品质量监控，其中 6 个关键控制点分析如下。

2. 稻蛙共生综合种养关键控制点的危害分析和预防措施

（1）稻田选址与改造　稻田选址与改造必须严格进行，如果选址或改造有问题，会直接影响种养产品质量，应设为关键控制点。其危害分析如下：稻田周边区域的生活污水、农业废水、工业"三废"等能产生病原菌等生物性危害以及农药、化肥、重金属等化学性危害，会影响水体质量，水稻和蛙可能吸收水中有害残留物质，并且鸟类与进水中的有害生物也会对蛙产生侵害。

预防措施：科学选址，要选择远离污染源、水源充足、保水性好，并且交通运输便利的稻田。经常检查周围有无工业废水和生活污水排放，确保无农药、化肥等流入。定期检测周围环境是否符合《无公害食品　水稻产地环境条件》（NY 5116—2019）和《无公害农产品　淡水养殖产地环境条件》（NY/T 5361—2016）。在科学改造、开挖蛙沟时应符合《稻渔综合种养技术规范　第1部分：通则》（SC/T 1135.1—2017）要求，沟坑占比不超过10%。充分利用挖沟的土加高田埂，稻田田埂的改造应符合《稻田养鱼技术规范》（SC/T 1009—2006）。同时要在稻田上方2～3 m处覆盖一层尼龙网来防止鸟类侵害，并改造进排水系统，进排水口用过滤网封住，以防止蛙类外逃以及过滤进水。

（2）水质监控　在种养生产过程中，水质监控是综合种养成功的关键，应设为关键控制点。其危害分析如下：养殖户为节约成本乱用、滥用渔药、饵料劣质、投喂过量及养殖技术操作不规范，造成水质恶化并衍生出的一系列水环境问题，容易滋生有害病菌、寄生虫等，会给稻蛙共生带来不可预期的生物和化学污染，导致水稻和蛙类死亡率上升。

预防措施：引入水源前对水体进行水质监测，确保其符合《无公害食品　淡水养殖用水水质》（NY 5051—2017）。通过菌相调节进行水质处理，并定期消毒灭菌，清除其中的病原和寄生虫，勤换水减少水体中有害物质的积累。每隔一个月进行一次水质监测，定期采集水样，化验分析水质。如果种养过程中出现偏差，则应选择新水源，转移养殖的蛙类，并改造农田。

（3）蛙苗选择与投放　蛙苗的选择与投放直接关系蛙的生长发育，应设为关键控制点。其危害分析如下：蛙苗来源不正规或本身有药物残留、病原菌、重金属含量超标现象，都会直接影响蛙的体质，使蛙体免疫力低下、抵御疾病能力下降、生长缓慢而无法与外界环境相适应。另外，蛙苗投放时间与投放密度不适宜，会影响水稻的生长。

预防措施：严格确保引进渠道正规，在引入前要检查资质证书和检疫报告，调查蛙苗生产单位资质，保证引入蛙苗为良品，苗种检验不合格则拒绝接受。放养前幼蛙需要用 20～40 g/L NaCl 溶液浸泡 5～10 min 消毒，放养密度为放养规格 10～20 g 的幼蛙 8～12 只 /m^2。若放养后 7 d 出现 10% 以上死亡，应对蛙苗重新检验。

（4）肥料和饵料质量控制　种养过程中使用的肥料和饵料直接影响水稻和蛙产品的质量安全，因此肥料和饵料质量控制应设为关键控制点。其危害分析如下：水稻种植管理中使用的肥料以及蛙养殖中投喂的饵料质量不符合要求，含有未被批准或过量的添加剂，这些会通过富集作用残留在土壤、水体、水稻和蛙体中，直接导致危害的产生。饵料存放、投喂不科学会污染种养水环境，导致蛙生长缓慢甚至引发病害。

预防措施：肥料应选择符合《有机肥料》（NY/T 525—2021）要求的有机肥料，使用应符合《肥料合理使用准则　有机肥料》（NY/T 1868—2021），严格按照标准用量施肥，防止重金属或其他污染物超标影响水稻和蛙产品质量及卫生安全；蛙饵料方面，应选用正规厂家生产的符合《无公害食品　渔用配合饲料安全限量》（NY 5072—2021）的饵料。日常投喂必须科学投喂，不得使用腐败变质的饵料。鲜活饵料消毒后投喂，避免对水体产生污染。若不慎使用了不合格肥料或饵料，则应及时转移稻蛙，延长净化时间，更换使用的优质肥料或饵料，重新检验其安全性。

（5）病虫害防控　在种养过程中，病虫害防控如果不当会直接影响水稻和蛙产品的质量安全，应设为关键控制点。其危害分析如下：日常管理不当、滥用药物、药物不合格等，会使有害微生物数量超标、水稻和蛙体内药物残留增加，严重危害水稻和蛙产品的质量安全。

预防措施：若水稻发生严重的病虫害或其他疾病，可喷洒高效、低毒、低残留的农药。确保农药的质量，防止假冒伪劣农药对水稻品质安全产生影响。农药使用必须符合《农药合理使用准则（十）》（GB/T 8321.10—2018）和《农药安全使用规范总则》（NY/T 1276—2007）。另外，水稻轻微病虫害可由稻田内的蛙抑制，还可使用灯光诱杀法或者投放诱杀剂防治害虫。做好田间农药安全、科学以及合理使用监管，减少农药残留污染。购买正规渔药并科学使用，严格执行休药期，不得滥用渔药。渔药使用必须符合《无公害食品　渔用药物使用准则》（NY 5071—2002）和《渔药使用规范》（SC/T 1132—2016）。定期对水稻和蛙进行疾病预防和检测，确保水稻的产量和蛙产品的安全。若使用的农药或渔药不合格，要及时隔离稻蛙，更换新水，检测产品。

（6）产品质量监控　水稻和蛙产品最终是面对消费者的，质量高于一切，应设为关键控制点。其危害分析如下：水稻与蛙体内的各种元素，如铅、砷、汞、铜、镉等含量超标，以及农药的残留量不符合国家标准要求，会直接危害消费者的健康安全。同时会影响市场需求，损害生产者的利益。

预防措施：选择高抗性、高产量的优良水稻品种，减少病虫害发生。坚持使用有机肥料，减少农药与化肥的使用，从而减少药物残留。坚持"预防为主，综合防治"的有害生物综合防治原则，运用物理和生物等绿色防控技术来预防水稻和蛙的疾病，减少渔药的使用。水稻与蛙产品质量要符合《农产品安全质量　无公害水产品安全要求》（GB 18406.4—2001），残留污染物含量检测要符合《食品安全国家标准　食品中污染物限量》（GB 2762—2017），如检测结果不合格，应退回处理。

三、HACCP 体系应用效果

应用 HACCP 体系对稻蛙共生综合种养进行危害分析，并提出了 6 个关键控制点，其中种养期间的 3 个关键控制点的 HACCP 工作计划表见附录一。稻蛙共生综合种养基地应用本 HACCP 体系后，稻蛙共生综合种养实现了标准化、规模化生产，水稻产量比未实施前提高 2%，黑斑蛙产量提高 15%。虽然管理成本部分增加，但每公顷收益比未实施前高出 30 000 ~ 37 500 元，而且种养出来的水稻和黑斑蛙等产品各项指标完全符合绿色食品与有机食品标准，深受市场欢迎，给农民带来了更大的经济利益。

第二节　蛙与其他养殖动物综合种养实例

一、稻 – 蛙 – 鱼综合种养实例

（一）技术方案

1. 品种与田块选择

水稻选择抗病、抗虫、优质新品种，蛙选择肉质鲜美、便于养殖的美国青蛙，鱼选择鲫鱼和草鱼。种养基地要求水源充足、水质良好、无污染、进排水方便、保水性好、地势平坦、交通便利。

2. 种养基地建设

沿稻田边缘挖筑宽 2 m、深 0.5 ~ 1.0 m 的鱼蛙沟，沟所围成的田块一般在 0.1 hm² 左右，病虫害严重的地方可适当缩小面积。鱼蛙沟面积占稻田总面积的 5% 左右。利用沟中挖出的泥土加宽、加高、加固田埂，埂切面为下宽上窄的梯形，高度高于稻田平面50 cm 左右。另筑 1 ~ 2 条贯穿稻田的小田埂，供蛙栖息和田间捕食害虫。进排水口一般安排在田块的对角位置，并用细密铁丝网或 40目筛网封口，以防鱼、蛙逃跑。稻田内安装太阳能诱虫灯。在稻田四周用 10 ~ 20 目的网片围成圈，网片颜色以浅色为宜。围网下部

埋入埂土 10 ~ 15 cm，地面上部保留围网高度 1.2 ~ 1.5 m。

3. 秧田管理

在田块平整的情况下，尽量采取水稻直播，减小劳动强度，降低费用。施足基肥，直播或移栽前 10 ~ 15 d 翻耕大田，施有机肥 6 000 ~ 7 500 kg/hm² 作基肥、尿素 75 ~ 150 kg/hm² 作追肥。直播田施用除草剂的，须在放养前更换秧水。待 4 月底至 5 月初，水稻秧苗达到 6 叶期时，移栽田秧苗返青后开始投放鱼苗和蛙苗。秧苗分蘖期浅水（5 cm 深）灌溉，足苗后灌水层 10 ~ 15 cm。收割前 10 d，将水位缓慢降低，自然落干。搁田期间，沟里保持满水。

4. 蛙、鱼投放

美国青蛙放养选择晴天无风时进行，选择规格 150 g/ 只左右、体质健壮、无病残的蛙苗放养，放养密度为 15 000 ~ 67 500 只 /hm²。用 20 mg/L 高锰酸钾溶液浸洗幼蛙 20 min，或用 30 ~ 40 g/L NaCl 溶液浸洗幼蛙 10 min 再分点均匀投放到沟内。草鱼和鲫鱼投放比例（按尾数计）为 6：4，规格为 50 ~ 100 g/ 尾，鲫鱼可略小些，投放密度 150 ~ 300 kg/hm²。鱼苗下田前用 30 ~ 50 g/L NaCl 溶液浸泡 5 min 左右消毒。

5. 饵料投喂

喂养方面，采用自制天然饵料进行人工喂养，按照"定时、定质、定位、定量"的原则投喂。美国青蛙投喂可直接撒在沟内水面或放置在水面的泡沫板上，每天上午、下午各投喂 1 次。投喂量一般为幼蛙体重的 2% ~ 3%、成蛙体重的 1% ~ 2%，以美国青蛙在 20 min 左右吃完为宜，同时还要根据天气、水质等情况适当调整。美国青蛙驯化阶段可在饵料里加入鲜活的蚯蚓，方便蛙发现目标。另外，通过诱虫灯诱捕害虫，性诱剂诱杀螟虫、卷叶螟、稻飞虱等害虫，害虫可作为美国青蛙的辅助饵料。投放菜籽粕、糠麸或配合饲料作鱼饵，每天 2 次，投放量为鱼重量的 4% 左右。

6. 病害防控

疾病防治遵循"以防为主，防治结合"的原则。养殖期间适时加注新水，保证饵料新鲜无污染，做好沟内消毒工作，发现残料、病蛙、死蛙及时清除。坚持每天巡田，检查鱼和蛙活动、摄食情况以及田埂情况，严防蛇、鼠等危害。暴雨季节做好防洪、防逃工作。

7. 收获

水稻收获前就可以陆续捕捞蛙上市销售，鲫鱼在 11 月后捕捞。按照"捕大留小，分批捕获"的原则，根据市场需求适时起捕。水稻收割时，先降低田间水位，将鱼、蛙赶至沟内再进行收割，一般可用小型收割机进行收割。

（二）效益简析

在 0.67 hm^2 某试验田中采用了稻－蛙－鱼综合种养模式，养殖中残留的饵料和粪便可增加稻田肥力，稻田害虫又为鱼、蛙提供了大量天然饵料，实现了生态互补。减少农药、化肥的施用量，节省了饵料，既收获了高品质的农产品，又降低了种养成本，经济效益大幅提高，平均净效益增加 3 万元 /hm^2 以上。

二、稻－蛙－鳅综合种养实例

（一）技术方案

1. 稻田准备

（1）稻田的选择　按照《无公害食品　稻田养鱼技术规范》（NY/T 5055—2001）的要求，选择土壤保水性能强，生态环境好的稻田，要求水质良好、水源充足、方便排灌、不易受淹，无污染，历年病害发生少。

（2）稻田的改造　加高加固田埂，田埂高 0.5～0.8 m，宽 0.5 m，不漏不垮。根据田块形状及面积开"日""井""田"字形沟。四周沟宽 1.2～1.5 m、深 0.5～0.6 m；中间沟宽 0.5 m，深 0.3～0.5 m；稻田四个角设置捕捞泥鳅的地笼区，地笼区沟宽 1 m、深 0.8～1.0 m，水沟面积占稻田面积的 10%～15%。

稻田的进排水口用竹篾或铁丝网安装拦蛙栅。铁丝固定木桩

2 m 高，周边及中间每隔 5～8 m 固定一根木桩，木桩上加盖天网防飞鸟。

（3）稻田的消毒 稻田改造完成后，用 750 kg/hm² 生石灰对稻田消毒，将生石灰均匀撒入田间，放水浸泡 5～7 d。

2. 水稻管理

（1）品种选择 选择高产、高抗的优质水稻品种。

（2）育苗及移栽 采用旱育秧或薄膜湿润育秧，3 月中下旬播种，宜早不宜迟，稻种用 0.2 g 咪鲜胺 1：1 500 浸种消毒 12 h。秧龄达到 30 d 左右时，选择晴天适时移栽，宽窄行种植，每穴两株，株距 0.2 m，宽行距 0.47 m，窄行距 0.27 m。

（3）田间管理

① 水分管理 依据水稻生长发育的需水特性，兼顾蛙、鳅生活习性，合理调节水深，定期换水，满足稻、蛙、鳅和谐共生的良好生态需求。水稻移栽后至鳅、蛙苗投放前，浅水、湿润交替促早生快发；鳅、蛙苗投放后，水深确保 0.06～0.08 m 为宜，根据稻株生长高度可逐步加深至 0.15～0.18 m；水稻灌浆成熟期，需要逐步降低水深，保持水深 0.12 m 左右为宜。

② 肥料运筹 按照有机肥为主、化肥为辅，基肥为主、追肥为辅的原则。基肥施腐熟灭菌的有机肥 15 000 kg/hm²、有机菌肥 300 kg/hm²；移栽后 3 d 追施尿素 150 kg/hm²；分蘖末期至抽穗期每隔 10 d 喷施 1 次叶面高效复合生物菌肥，利于穗大和壮籽。

③ 绿色防控 采用防病不防虫的原则，田间安装太阳能诱虫灯，如需要使用农药，应按照《绿色食品 农药使用准则》（NY/T 393—2020）选择使用高效低毒的农药，慎用菊酯类药物，施药前确保水深 0.07～0.10 m。稻飞虱可选择使用 50% 吡蚜酮、21% 噻虫嗪、80% 烯啶吡蚜酮等；稻瘟病、纹枯病可使用 75% 肟菌酯戊唑醇等，稻纵卷叶螟、钻心虫（三化螟、二化螟）可使用 25% 苏云金杆菌等，使用剂量参照说明书，防病可配合叶面施肥添加氨基寡糖素。

3. 蛙、鳅饲养与管理

（1）蛙、鳅的投放　选择适应性强的黑斑蛙，及抗病性强、生长快的台湾泥鳅。于水稻移栽后 10 ~ 15 d 投放蛙苗及鳅苗，投放前，用 30 ~ 50 g/L NaCl 溶液浸洗 5 ~ 10 min 消毒。

选择幼蛙投放，先放鳅苗，后放蛙苗；选择蝌蚪投放，先放蝌蚪，在蝌蚪变成幼蛙后再投放鳅苗。幼蛙投放密度为低密度 150 000 只 /hm²，中密度 225 000 只 /hm²，高密度 300 000 只 /hm²；蝌蚪投放密度为 150 万尾 /hm²；鳅苗投放密度为低密度 120 000 只 /hm²，中密度 150 000 只 /hm²，高密度 225 000 只 /hm²。

（2）食台、栖息台摆放

① 食台摆放　在稻田四周沿边每 4 m 摆放一个漂浮泡沫为食台，食台规格为 2 m × 1 m × 0.03 m，放置食台密度为低密度 450 个 /hm²；中密度 525 个 /hm²；高密度 600 个 /hm²。食台上方天网上加盖宽度为 2 m 的遮阳网，防蛙暴晒。

② 栖息台摆放　在水稻宽行内不规则放置漂浮泡沫栖息台，栖息台规格为 1 m × 0.4 m × 0.03 m，放置栖息台 1 200 ~ 1 500 个 /hm²。

（3）饲料投喂

① 饲料的配比　黑斑蛙选用蛙专用膨化配合饲料（蛋白质含量在 40% 以上的为最佳），开口幼蛙及成品蛙的饲料（20 kg/ 袋）中须添加复合维生素（50 g）、大蒜素（50 g）、三黄散（80 ~ 100 g）、护肝散（50 g），促消化。台湾泥鳅选用泥鳅专用配合饲料（蛋白质含量在 36% 以上的为最佳），饲料中按 0.1% ~ 0.3% 加入大蒜素和复合维生素以利于泥鳅消化。

② 投喂方式　投喂饲料坚持四定原则，要求定时、定位、定质、定量。一般每天 8 时和 18 时各投喂一次。雨天及气温高于 30℃ 的闷热天气不投喂饲料；日投饵量按照蛙、鳅体重的 3% ~ 7% 计算，并根据季节、天气、田间虫量、摄食情况适时增减，以投喂 1 h 后无残饵为宜。每天上午投喂前清理干净蛙食台上的残饵，每

周用菌毒克星对食台进行消毒。

（4）蛙、鳅病害防治　坚持"预防为主，防治结合"的原则。每天监控水质，坚持 5 ~ 7 d 换水 1 次，确保水质达到《渔业水质标准》（GB 11607—1989）；坚持每 7 ~ 10 d 用疱疹吗啉胍或漂白粉对水体消毒 1 次。药剂选用及使用标准参考《无公害食品　稻田养鱼技术规范》（NY/T 5055—2001），在饲料中添加用于内服的药品氟苯尼考、复合维生素和双黄连等，防治蛙红腿病、腹水病等，及泥鳅车轮虫病、赤皮病、烂鳃病、打印病等。

（5）收获　采取捕大留小的原则，在 8 月初开始根据市场销售情况分批捕捞蛙、鳅，9 月初蛙、鳅捕捞完成后放水晒田，收获水稻。

（二）效益简析

该模式充分利用土地的立体空间，实现"一地多收"。传统稻田收获水稻 7 500 kg/hm²，改用稻 – 蛙 – 鳅综合种养模式后，可收获高品质优质稻 6 000 kg/hm²，蛙 4 500 kg/hm² 以上，还可收获泥鳅 3 000 kg/hm² 以上，按照市场保守价，高品质优质稻单价 4 元 /kg，水稻收入 24 000 元 /hm²，蛙、鳅单价 40 元 /kg，蛙收入 180 000 元 /hm²，泥鳅收入 120 000 元 /hm²，总收入可达到 324 000 元 /hm²，除去成本后纯收益可达 15 万元 /hm² 以上，是单纯种植水稻收益的 10 倍以上。

该项目低投入、高产出，可复制性强，适宜山区规模化发展，适当增加投放密度，配合人工饲喂，将可以获得更大产量和更大经济效益。发展稻 – 蛙 – 鳅综合种养，在保障粮食种植面积的同时，大幅度提高农民收入，对稳定我国粮食产量具有重要意义。

三、菜 – 蛙 – 鱼 – 鳅综合种养实例

（一）技术方案

1. 田块选择

选择相对平整连片田块 3.33 hm² 以上，水源充足，排灌方便无

染污。尽量避开农田保护区，或选择独立山间洼地的整片田块，有利于水源的水质管理和生产管理。开展研究的养殖基地占地面积 3.93 hm^2，其中实际养殖生产面积 3.80 hm^2。

2. 田块改造

根据田块的原始现状，以单个田块为改造单位，开挖 5 m 宽的养殖沟和 3 m 宽的田埂，沿埂边 1.3 m 处立 80 cm 高的聚乙烯围栏网，形成一个长条形独立的种养区域，相邻两个种养区域间留 40 cm 的人行通道。每公顷田块经改造后所形成的养殖沟与田埂比为 5 : 3。整个养殖基地上空搭建 2.5 m 高的防鸟网，防鸟网由养殖区外缘四周的水泥柱和中间毛竹支撑，支撑点间用 3 号铁丝连接形成支撑防鸟网的铁丝网格。基地菜 – 蛙 – 鱼 – 鳅种养池面积 3.67 hm^2，蛙苗种孵化池面积 0.13 hm^2，田块改造后形成了 29 个独立种养区域。

3. 苗种投放

3 月底投入蛙卵 21 000 万枚，集中投入在 0.13 hm^2 的苗种孵化池中进行培育孵化。一周后获得 17 250 万尾蝌蚪，孵化率 80% 左右，按每公顷 180 万尾的密度平均投放于 29 个独立种养区域。5 月底投放‘中科五号’鲫鱼夏花苗种，6 月初投放泥鳅苗种，全部水沟采取蛙、鲫鱼、泥鳅混养模式，均为稀放精养的方式保证成活率，鲫鱼按每公顷水面 3 000 尾、泥鳅按每公顷水面 37 500 尾的密度进行投放。

4. 果蔬种植

果蔬种植选择与蛙、鱼养殖相适应并互补的黄豆和丝瓜两种植物进行套种。丝瓜于 3 月初在苗种地进行育苗，20 多天后长成可以移栽的丝瓜苗，3 月底开始进行丝瓜苗的移栽工作。丝瓜苗沿着围栏网与水沟中间每隔 1 m 种植一株，每株旁插一根细竹或牵引一根绳索，以连接地面与顶部的防鸟网中的铁丝网格，利于丝瓜藤蔓攀爬生长。两株丝瓜苗间同时种植黄豆，穴播，穴距 30 cm，单排成行。

5. 饲养管理

蝌蚪饲养期间，是水沟中唯一的养殖水生生物，只需要投喂蝌蚪专用饲料即可，沿水边四周全方位投喂粉末状蝌蚪料。随着蝌蚪的变态发育成长，饲料由粉末状变为适口径的颗粒状，均为浮性饲料。在由粉末状饲料变为颗粒状时，需要注意做好蛙的饵料驯化工作，即在一周内完成粉末状饵料比例渐低、颗粒状饲料比例渐高的驯化过程。鲫鱼夏花苗和泥鳅投入水沟中一周内，适量投喂粉碎的菜籽饼、米糠或专用饲料。一周后逐渐停止投喂，直到蛙 10 月起捕上市后，再进行鱼类饲料的投喂。3—5 月和 10—12 月视天气情况和水质状况每半月换水一次，每次换水量为水沟水体总量的 1/3，6—9 月每周换水一次，每次换水量为水沟水体总量的 1/2。每次换水后用 1 mg/L 漂白粉溶液进行水体消毒。

6. 种植管理

黄豆、丝瓜平时种植管理中，不需要进行施肥和施药，主要是人工清除杂草工作。丝瓜在出藤蔓过程中，注意引导藤蔓沿细竹或绳索攀爬至顶端铁丝网格上，对丝瓜的多余藤蔓及时剪枝打叉，只留 3~4 根主藤蔓进行攀爬和挂果。

（二）效益简析

在养殖过程中，共养殖商品蛙 55.7 t，平均市场售价 36 元/kg，蛙总产值 200.52 万元。每公顷蝌蚪苗需要投入资金 31 500 元左右，而在饲养后期陆续投入'中科五号'鲫鱼和泥鳅苗种，每公顷需要苗种成本为 3 000 元。2018 年，共投入饲料 84 t，饲料成本约 69.24 万元。其他投入成本包括土地租金每年每公顷 7 500 元、人工工资 37 500 元、防鸟防逃设施 3 300 元、田块改造费用 1 200 元（每公顷 12 000 元，以 10 年分摊）、黄豆和丝瓜在育苗期间的种子和有机肥等成本 1 800 元。产品销售单价为泥鳅 40 元/kg、'中科五号'鲫鱼 14 元/kg、黄豆 6 元/kg、丝瓜 3.8 元/kg。

通过对周边蔬菜基地的了解，种植黄豆每公顷产 2 250 kg，销售单价 6 元/kg，每公顷利润约 7 500 元；种植丝瓜每公顷产

60 000 kg，销售单价 3.8 元 /kg，每公顷利润约 48 000 元。

通过上述的效益测产，综合种养平均每公顷利润达到 146 236.35 元，远远高于单一蔬菜的种植利润。

四、莲田养蛙综合种养实例

（一）莲田工程建设

荷叶遮阳面积大，莲田水温保持在 16～18℃，长期低温，蛙摄食量小，代谢慢，难生长。在做基础建设时，要留出 1/3 的面积不种莲，用于晒水提温。

栽种莲藕的水体大体上可分为莲池和莲田两种。莲池多是农村塘坑，水深为 0.5～1.8 m，栽培期为 4—10 月。莲叶遮盖整个水面的时间为 7—9 月。莲田多是低洼田，水浅，一般为 10～30 cm，栽培期为 4—9 月。莲田（池）资源丰富，但养殖蛙的很少见，这就使莲田（池）中的天然饵料生物得不到充分利用，难以提高单位面积的综合经济效益。莲与蛙共作有两种模式，即莲蛙共作（以采莲子为主）模式和藕蛙共作（以采藕为主）模式。这两种模式在种养环境条件和管理要求上都基本相同。

1. 莲田准备

（1）田间工程　选择通风向阳、池底平坦、水深适宜、保水性好、水源充足、进排水设施齐全，面积为 0.67～6.67 hm² 的莲池或莲田用来养蛙。

首先，对一般莲田进行基本改造，可按"田"字形或"十"字形挖蛙沟，沟宽 3～4 m，深 1～1.5 m，距池埂 2 m 左右。对于面积在 0.67 hm² 以下的小型莲田，可以只挖环沟，还要留出 20% 的敞水区，该区用石棉瓦或钢丝网作围栏，以便限制莲藕在此区生长，从而扩大光照晒水面积，提高水温。还可以在该区搭建晒台，这一点至关重要。否则，由于莲叶遮阳面积大，莲叶底部难以见到阳光，莲田水将长期处于低温状态，即使气温达到 40℃，水温也难以超过 20℃。低温状态下，蛙摄食少，生长困难。

其次，加高、加宽、加固池埂，池埂要高出水平面 0.5～1.0 m，埂面宽 3～4 m。在高温季节以及莲池浅灌、追肥、施药等情况下，一方面为蛙提供安全栖息的场所，另一方面还可控制水位，防止蛙进入莲田危害莲藕。还要防止汛期大雨后发生漫田逃跑现象。田埂四周用网片作围栏，防止蛙外逃。在莲池两端对角设置进排水口，进水口须高出池水平面 20 cm 以上，排水口比田间沟略低即可。进排水口须安装过滤网罩，以防止蛙外逃和敌害生物进池。

（2）消毒施肥　莲田的消毒施肥应在放养幼蛙前 10～15 d 进行，每公顷莲田用生石灰 1 500～2 250 kg，兑水全田泼洒，或选用其他药物对莲田、沟进行彻底清池消毒。施肥应以基肥为主，每公顷施有机肥 22 500～30 000 kg，要施入莲田耕作层内，一次施足，减少日后追肥数量和次数。

2. 莲藕种植

（1）栽培季节　莲藕的生长要求温暖湿润的环境，主要在炎热多雨的季节生长。当气温稳定在 15℃以上时就可栽种，长江流域在 3 月下旬至 4 月下旬，珠江流域和北方地区要分别比长江流域栽种的时间提早和推迟 1 个月左右，有的地方在气温达 12℃以上即开始栽种。总之，栽种时间宜早不宜迟，这样使其尽早适应新环境，延长生长期。栽种时间不宜太早或太晚。太早，地温较低，种藕易烂，即使栽种幼苗，也易冻伤；太晚，藕芽较长，易受伤，对新环境适应能力差，生长期也短。故适时栽种是提高莲藕产量的重要一环。

（2）选择莲藕品种　莲的品种宜选择江西省的'太空莲 36 号'和福建省的'建选 17 号'。这两个品种花蕾多、花期长、产量高、籽粒大，深受欢迎。

藕种应选择少花无蓬的品种，如产于江苏苏州的慢藕，产于江苏宜兴的湖藕，武汉市蔬菜科学研究所选育的'鄂莲二号'和'鄂莲四号'等都是品质好的莲藕品种。

莲藕的种子虽有繁殖能力，但易引起种性变异，因此，生产上无论是藕莲还是子莲，均不采用莲子作种子，而是用种藕进行无性繁殖。种藕的田块深耕耙平后，放进 5 cm 左右的浅水后栽种。排种时，按照藕种的形状用手扒开淤泥，然后放种，放种后立即盖回淤泥。通常斜植，藕头入土深 10 ~ 12 cm，后把节梢翘在水面上，种藕与地面倾斜约 20°，这样可以利用光照提高土温，促进萌芽。

（3）适时种植　种植莲藕的季节一般在清明节前后，要在种藕顶芽萌发前栽种完毕。等藕种成活后即是放养幼蛙的最好时期。种植前水位控制在 50 cm 以下，以 10 cm 水深为宜，每公顷选种藕3 000 支，周边距围沟 1 m，行株距以 4.0 m × 3.5 m 为宜，边厢每穴栽 3 支，中间每穴栽 4 支，每公顷栽 750 穴左右。栽时藕头呈 15°斜插入泥中 10 cm，末梢露出泥面，边厢的藕头朝向田内。

（二）幼蛙的放养

1. 环境改造

莲田养蛙要人工营造适合蛙生长的环境，在田间沟内移植伊乐藻、轮叶黑藻、苦草、空心菜、菹草、菱、菇等水生植物，为蛙苗提供栖息、嬉戏、隐蔽的场所。

2. 投放幼蛙

莲藕种植后，可根据实际情况选择养蛙模式。在每年的 3—5月，莲藕移栽前后，从已培育的幼蛙中，选择规格一致、性别一致的个体分田块放养，避免个体大小悬殊造成摄食不均的现象。

初次投放的幼蛙，规格可以稍大些，一般为 3 ~ 5 g/ 只，每公顷放养 3 000 ~ 4 500 只，在投喂人工饵料和饵料充足的情况下，经过 5 ~ 9 个月的喂养，个体可达到 30 ~ 50 g/ 只。这种规格的生态蛙，很受消费者欢迎，价格为 40 ~ 60 元 /kg，效益十分可观。

3. 饵料投喂

对于莲田养蛙，投喂饵料同样要遵循"四定"原则。投喂量依据莲田中天然饵料的多少和蛙的放养密度而定。投喂饵料要采取定点的办法，即在水较浅、靠近深沟的区域拔掉一部分莲叶，使其形成明水区，投喂在此区进行。在投喂饵料的整个季节，遵守"开头少、中间多、后期少"的原则。

成蛙养殖要设置食台,要将饵料投在食台上。有条件的地方,可以辅以投喂蚯蚓、黄粉虫等饵料,保持饵料蛋白质含量在 25% 左右。6—9 月水温适宜,是蛙的生长旺盛期,一般每天投喂 1~2 次,时间在 9—10 时和日落前后或夜间,日投喂量为蛙体重的 5%~8%;其余季节每天可投喂 1 次,于日落前后进行,或根据摄食情况于翌日上午补喂 1 次,日投喂量为蛙体重的 1%~3%。饵料应投在池塘四周的浅水处,在蛙集中的地方可适当多投,以利于其摄食和饲养者检查。

(三)喂养管理

1. 水位调节

(1)莲藕的生长旺季灌深水 由于莲田补施追肥及水面被莲叶覆盖,水体因水质过肥及光照不足,水色常呈灰白色,水体缺氧,在后半夜尤为严重。在喂养过程中,要定期加水和排出部分老水,调控水质,保持田水溶解氧含量在 4 mg/L 以上,pH 为 7.0~8.5,透明度在 35 cm 左右。每 15~20 d 换 1 次水,每次换水量为池塘原水量的 1/3 左右。

(2)适时追肥 莲藕立叶抽生后追施"窝肥",每公顷追施优质三元复合肥和尿素各 150 kg。快封行时,再满田追施肥料 1 次,每公顷追施优质三元复合肥和尿素各 225 kg。莲盛花期还要再追肥 1 次,每公顷追施优质三元复合肥和尿素各 300 kg,确保莲蓬大,籽粒饱满。追肥时,如果肥料落于叶片上,应及时用水清洗。

(3)科学投喂 由于莲田水草茂盛,各种底栖动物、有机碎屑等丰富,一般不需要投喂人工饵料。可在田间沟内移植一些水草,在蛙的生长旺季可适当地投喂一些颗粒饵料,先期驯食是关键。每天早、晚坚持巡田,观察沟内水色变化和蛙的活动、摄食和生长情况。

(4)做好病虫防治 莲田病害主要有褐斑病、腐败病、叶枯病等。要选用无病种藕,栽种前用绿亨一号 2 000 倍水溶液或 50% 多菌灵 800 倍水溶液浸藕种 24 h。发病初期，选用上述药剂喷雾防治。虫害主要有斜纹夜蛾、蚜虫、藕蛆。对斜纹夜蛾需要人工采摘 3 龄前幼虫群集的荷叶，踩入泥中杀灭。蚜虫可在田间插黄板诱杀。藕蛆可作为蛙的食源，无须防治。

2. 藕带、莲子和莲藕的采摘

（1）藕带采摘　莲蛙共作模式中，藕带是主要的经济收入之一；藕蛙共作模式一般不采摘藕带。藕带是莲的根状茎，横生于泥中，并不断分枝蔓延。新鲜的藕带有较好的脆性，风味佳、营养丰富，是人们餐桌上的美味佳肴。采摘藕带是增加种莲收入的重要途径，每公顷可采藕带 450 kg。新莲田一般不采藕带，2～3 年的座苑莲田要采摘，3 年以上应重新更换良种。藕带采摘期主要集中在每年的 4—6 月。4 月上中旬开始采收，5 月可大量采收。采收的方法是找准对象藕苫，右手顺着藕苫往下伸，至摸到为止，认准藕苫节生长的前方，用食指和中指将苫前藕带扯出水面，用拇指和食指将藕苫节边的带折断洗净。采后运输销售时放于水中养护，防氧化变老。

（2）莲子采收　莲蛙共作模式中，莲子是又一主要的经济收入，在藕蛙共作模式中莲子是副产品。鲜食莲子在清晨采收上市。准备加工通心白莲的采收八成熟莲子，除去莲壳和种皮，通除莲心，洗净沥干并烘干。采收壳莲的，待老熟莲子与莲蓬间出现孔隙时及时采收，以免遗落田间。

（3）莲藕的采挖　在藕蛙共作模式中，藕是主要的经济作物，蛙被当成是辅助收益，但实际上蛙的收益往往要比藕高出多倍。10 月上中旬当莲藕的地上部分已基本枯萎时开始采收。越冬时只要保持一定水层，可一直采收到翌年 2 月下旬。采挖前先将池水排浅或排干，挖藕结束后清整好泥土，再灌水入池，进入下一生产周期。采收莲藕有两种方法，一是全田挖完；二是抽行挖藕，即抽行挖去 3/4 面积，留 1/4 面积不挖，作为第二年藕种。

3. 莲田蛙的捕捞方法

当年 4 月投放的幼蛙，到年底时，绝大部分的蛙达到 50 g/ 只以上的商品蛙规格，可以开始捕捞。将达到商品蛙规格的蛙上市，未达到规格的蛙继续留在莲田内饲养，能够降低莲田中蛙的密度，促进幼蛙快速生长。在莲田捕蛙采用地笼捕捞法效果较好，最后可采取干田捕捞的方法。

（四）效益简析

在自然状态下，蛙和莲是可以互利共生的。通过生产实践，现已成功地探索出了莲－蛙共作综合种养模式。莲－蛙共作综合种养模式不仅效益好，每公顷平均产值可达 225 000 元以上，分别比单纯种莲或养蛙增收 80% 和 60%，还突显了生态效益，莲田为蛙提供了丰富的食物来源、攀缘物和荫蔽的环境。蛙以莲田中的软体动物、水生昆虫、杂草等为食，排出的粪便又是莲藕的有机肥料，使莲藕长势更好，增加农民收入，还可以为水产加工企业提供加工原料（藕、藕带、莲子等），是一个多赢的种养模式。

第八章

稻蛙综合种养营销推广

一、蛙产业发展现状

目前在我国养殖的蛙类主要有牛蛙、美国青蛙、虎纹蛙、东北林蛙、黑斑侧褶蛙（简称黑斑蛙）、棘胸蛙等，其中棘胸蛙年产量约 5×10^4 t，主要分布在江西、浙江、福建等地；黑斑蛙年产量 $6 \times 10^4 \sim 7 \times 10^4$ t，主要分布在湖北、湖南、四川、重庆、江西等地。据不完全统计，这两种蛙类的养殖户数达到约 1 万余户，年产值超 100 亿元，从业人员超 5 万人。目前这两种蛙已形成了从饵料、养殖、运输、销售一条龙式的产业链，已成为农民增收致富的有效渠道。

二、稻田养蛙发展现状

1. 产业现状

目前稻田养蛙技术在全国大部分地区是稻田养黑斑蛙模式，根据江西渔业统计相关数据，江西省截至 2020 年底养殖面积超过 1 333 hm^2，全国（港澳台地区除外）养殖面积预估超过 13 333 hm^2。

2. 产业效益

生产实践证明，稻渔综合种养较水稻单种经济效益明显提升。根据 2017 年全国水产技术推广总站对稻渔综合种养进行的测产和产值分析，稻渔综合种养较水稻单种每公顷每年增收 1.5 万元以上。而江西的实践表明，稻蛙综合种养模式比水稻单种每公顷每年增收

4.5 万元以上。

3. 存在的问题

（1）轻稻重渔较突出　以江西为例，省内部分地方轻稻重渔问题比较突出。一是蛙类养殖面积占比过大，一般占稻田面积的 15%～20%，个别达 30% 以上，不利于稳定水稻生产。二是在培管方面，重视渔业养殖管理，轻视水稻栽培管理，水稻管理粗放，产量偏低。

（2）稻田工程不规范　在稻田改造和基础设施建设方面目前没有统一标准，改造出的种养基地不规范。主要表现为田埂高矮、宽窄不一，沟坑宽窄、深浅不一，种养单元大小不一，同时工程质量较差。如沟坑壁未用砖块砌墙，经常垮塌，清淤费工多，围栏设施不坚固，逃蛙和敌害生物入侵危害现象时有发生。

（3）种养面积欠规模　目前，稻蛙综合种养模式零星分布，规模种养较少，没有形成规模化的稻蛙综合种养基地。而种养基地较小一是不利于基地道路、沟渠、绿化及排灌设施的完善配套；二是不利于产品营销，经销商因采购不到足够量的产品，一般不会与农民签订营销合同，农民只能自产自销，带来了产品销售难的问题；三是不利于农业技术人员开展技术培训、技术指导和技术服务，农民缺乏科学种养技术，导致产量低、效益差。

（4）养殖技术较滞后　农户由单种水稻过渡到稻蛙综合种养出现了种养技术滞后的问题，导致水产品产量低于全国平均产量。一是水稻绿色稳产技术推广应用不到位，稻蛙耦合技术不配套，农民技术培训不落实，导致产量较低、品质不高、污染较重；二是大部分农户没有掌握蛙类繁殖技术，靠购买蝌蚪养殖，增加了生产成本；三是没有按照"四定"原则投喂饵料，投喂地点不固定，投喂时间不确定，投喂数量不精准，投喂质量难保证；四是水位调节与水质调控不到位，水位过浅或过深，新老水温差过大，水质调控不及时，经常发生水体富营养化现象。

（5）产业开发未形成　在稻蛙产业开发上缺乏中长期发展规

划，稻蛙综合种养没有形成产业化。一是种养基地的生产、观光、游乐、垂钓、购物等设施缺乏，与乡村旅游结合不够紧密；二是种养产品精深加工滞后，产品销售网络不健全，品牌形成少，产业链条短，整体效益低。

4. 发展对策

（1）制定规范，推进稻蛙综合种养的标准化　目前，国家发布的水产行业标准《稻渔综合种养技术规范》（SC/T 1135），分为通则、稻鲤、稻蟹、稻虾、稻鳖、稻鳅6个部分，但没有发布稻蛙种养标准，难以满足稻蛙生产需求。建议制定稻蛙生态种养技术规程（规范），以推进稻蛙综合种养的规范化、标准化，达到稳粮促渔、产品提质、效益增加、环境友好的目的，加强种养技术研究标准，制定技术培训和技术指导，提升农民科学种养水平，切实为农民增产、增收服务；狠抓稻田改造，提高规程质量；严控养殖面积，沟坑占比控制在10%以下；加强栽培管理，确保水稻稳产，湖区水稻平均产量不低于 7 500 kg/hm²，山丘区水稻产量不低于当地平均产量，稻渔综合种养收入较水稻单种纯收入增加50%以上，农药、化肥用量减少30%以上；推广使用无抗菌类和杀虫类的渔药。

（2）集中连片，推进稻蛙综合种养的规模化　在稻蛙综合种养的推广应用过程中，建议逐步扩大基地面积，推进稻蛙综合种养的规模化。在种养基地选择方面，稻田需要集中连片、地势平坦、土壤肥沃、重金属含量低、水源充足、水质优良、排灌方便、远离城镇、环境清静。基地要由小到大，逐步形成规模。根据《稻渔综合种养技术规范 第 1 部分：通则》要求，面积不低于 66.7 hm²。在种养基地建设方面，每个种养单元保持平整，高差控制在 2~3 cm，做到道路、沟渠、排灌、绿化设施配套，着力建成功能齐全、高产稳产的规模化种养基地。

（3）综合开发，推进稻蛙综合种养的产业化　建议采取水稻生产、水产养殖、旅游休闲等综合措施，大力开发稻蛙等稻渔产业，进一步推进稻渔综合种养产业化。一是将种养基地建成集生产、观光、休闲、垂钓、购物、美食于一体的产业化发展基地，完善配套设施，提升服务质量，实现种植业、水产业和旅游业的有机结合；二是拉长产业链，开展稻渔产品精深加工，打造一批著名品牌，完善销售网络，拓宽就业渠道，提升整体效益，促进农民增收、企业增效，全面推进乡村振兴。

第二节　种养开发模式与产品定位

一、种养开发模式基本原则

要遵循自然规律和经济规律。要从资源和市场这两个基本点出发，坚持"按比较优势布局，按市场需求开发"。既要充分考虑各地资源条件，更要充分考虑市场潜力，防止出现新的积压和销售难题。

1. 以市场为导向的原则

适应市场多样化、优质化的需求，着眼国内外两个市场，重点突出种养模式的特色，选择市场前景广阔、生产潜力大、经济效益好的特色产品，集中力量加快发展壮大。

2. 发挥比较优势的原则

客观评价各区域在资源特色、生产规模、市场区位、环境质量以及特色农产品开发所需要的资金、技术、人才等方面的优势，因地制宜，扬长避短，优先发展优势比较突出的特色农产品，实现由潜在资源优势向现实经济优势的转变。要考虑特色农产品生产条件的独特性和消费需求的特点，坚持在适宜区域进行生产，做到规模适度，确保产品特性。

3. 依靠科技进步的原则

针对不同区域特色，优化农业经济、技术结构，加快农业科技创新步伐，大力推广成套农业技术，不断提高特色农产品发展的科技含量。要以产业化思想和工业化理念指导特色农产品的开发，延伸产业链，构建特色产业群体，形成在国内外市场具有一定竞争力的特色农业产业带。

4. 尊重农民意愿的原则

要坚持尊重农民的生产经营自主权，保护农民权益，充分考虑农民的传统习惯和承受能力。凡是与农民利益有关的问题，都要和农民商量，不能搞行政命令强制推行统一种植和统一经营。即使是经济效益好的品种与技术，如果农民不接受，要通过典型示范加以引导，把自主权真正交给农民。

5. 坚持可持续发展的原则

要从农业和农村经济发展的全局和长远利益出发，遵守自然规律和经济规律，合理有效地利用有限的区域特色农业资源，发展经济效益好的特色农产品，调动农民的生产积极性，改善和保护生态环境，有效提高综合生产能力，实现可持续发展。

二、乡村振兴建设下的农产品开发对策

1. 注重外部环境的建设和基础设施的配套

要想让农产品开发取得应有的成效就需要重视外部环境建设和基础设施的配套建设。首先要做好的就是交通的便捷化打造，通过构建便捷化的交通体系，来帮助农产品的对外销售；其次，要注重水利、农业、防灾等基础设施的配套建设，通过强化配套建设，保障乡村的经济建设基础环境，从而确保农产品开发能够顺利地开展，不会因为各种各样的外部因素而"夭折"。值得注意的是在构建外部基础设施时，要让农民参与其中，调动起农民对于基础设施的保护和看管意识，保障基础设施的使用寿命。

2. 做好农产品开发的产业化建设

目前能够实现农产品开发的最佳领头人就是乡村合作社，但乡村合作社正处在发展中的阶段，内部设施和制度体系建设尚不完善，因此为了保证合作社的长远利益，在开发农产品的过程中，可以通过丰富农产品开发种类来避免问题。例如，可以通过引进优良

品种来进行果蔬产品的开发，然后针对养殖业可以朝向着水产品养殖来进行建设，通过丰富农产品开发种类，做好各农产品的开发后落实，来提高合作社的产业化号召力和影响力。

3. 做好培训活动，吸收专业人才

加强农民培训，吸纳专业人才，形成一套系统的管理体系。由于合作社成员是农民，教育水平不高，没有系统的专业知识培训，为了更好地发展合作社，有必要加强对农民的培训，吸收专业人才，形成系统管理理论集。可以通过讲座、授课等多种方式加强对农民的教育，逐步提高农民的文化素质和劳动力素质，使农民真正跟上合作社的发展步伐。

4. 开发密集业务，做好技术指导

提供先进的技术指导，开发密集的业务模式。农产品开发将在合作社的发展过程中遇到各种育种和种植专业问题。如果这些问题得不到很好的解决，就会阻碍合作社的发展。例如，在引入新品种时会出现技术问题。为使合作社品种多样化，合作社需要专业的科技人员提供技术指导，并在种植和养殖过程中及时给予帮助和指导。

5. 紧密结合市场发展，保障信息通畅

及时了解市场信息，实现与市场的对接。市场信息是合作社销售的第一步。如果没有及时了解市场信息，就无法在第一时间了解消费者的需求，也无法掌握主要的销售市场。因此，及时了解市场信息，实现与市场对接，对于农产品专业发展非常重要。合作社的市场信息滞后，将会影响合作社的发展。政府可以考虑在县内建立农产品市场，商定交易时间和交易位置，使合作社可以提前做好准备，也更好地实现与市场的对接。政府还需要及时通知合作社参与市场研究和信息提取。

三、稻蛙综合种养开发模式

1. 加强领导，协作配合，打造"一体化"产业链

稻蛙综合种养产业应当充分利用各地丰富的资源优势，以"调

结构"为切入点，电商为先导，以"降成本"为着力点，以"提质量"为关键点，主攻绿色食品；以"促融合"为增长点，推动稻蛙综合种养消费美食化、娱乐化和休闲化，引进和培育稻蛙综合种养产业龙头企业，打造现代渔业的新亮点。

协调与外部环境的关系，培育农户、企业和群众之间的"共赢圈"。打造这样和谐的共赢环境，不仅要农户和企业自身严格要求，保证产品质量，也要和当地政府建立合作和沟通体系，建立生态型品牌关系。农户和企业不仅要与经销商打交道，而且要与群众直接建立联系，乃至与所有利益相关者发展全方位的和谐关系。应通过积累经验，加强研发，提高技术，扩大市场份额，从而提高广大农户和消费者的生活水平，实现共赢。为此，农户和企业不应"单打独斗"，而应充分考虑人民政府的宏观调控职能，完善产业发展的长效机制，做好发展产业的宏观组织实施工作。在政府部门的组织监管下，可以实现制定发展规划和实施计划，为品牌农业提供贷款，有效解决资金缺乏和农产品升级的问题。

鼓励项目扶持的龙头企业采取合同订单、股份合作、保底收益、按股分红等方式，与农户建立以产业链为纽带的紧密型利益联结机制，让农民分享更多产业发展和产业融合收益。政府应当积极推动，引导相关龙头企业，担负起稻蛙综合种养产品供应链整合的重任，同时培育负责分装、仓储、营销和物流的公司，创立相应品牌，最终形成江西稻蛙综合种养产品的产业链。

2. 利用网络，打造"互联网+"电商新模式

电商不仅可以使地方稻蛙综合种养农户对接全国甚至全球市场，增加销售量，且能打破资源、地域的限制，而且稻蛙综合种养产业不同利益主体相互交织，相互作用，通过电子商务拓宽销售渠道、扩大销售规模、增加就业机会，或者分享溢出效应，以不同形式达到增收、提高能力的目的，以实现我国稻蛙综合种养产业持续健康发展。电商使稻蛙综合种养农户可以直接对接国内外大市场，通过提升触网能力，提高获取信息的能力，不断缩减中间商，养殖

户的定价地位上升，一定程度上改变了以往企业与养殖户争利的局面。

3. 立足整体，统筹全局，坚持实事求是

稻蛙综合种养经营主体应当坚持以"种、养、加、游（体验）"为基础的现代生态农业发展思路，在打造品牌、注册商标的同时，对销售农产品进行质量分级，结合实际情况，进行无公害农产品认证、绿色农产品认证和有机农产品认证。

稻蛙综合种养产业应当在发展优质高端农产品上下功夫，推动"三品一标"等绿色有机产品认证，大力推广绿色生态养殖模式，提高产品质量；全力打造创新链、不断完善组织链、积极优化资金链、全面强化质量安全链、加强政府服务链，最终形成支撑稻蛙综合种养产业现代化的主体框架，大力扶持稻蛙综合种养精尖企业发展。着力将稻蛙综合种养打造成带动一方、致富农民的大产业，做足农文、农旅、农教、农养等产业结合文章，推动农业生产全环节升级、全链条升值。

4. 科技融合推动发展，实现持续高产、高效

从农产品及其加工品的形成过程看，由品种研制到良种选育，再到产品生产和后序的加工、包装等各个环节，都离不开科技支持。农户和企业通过联系高校等科研机构加速农业技术创新和品种优化，促进稻蛙种养结构的优化、改善工作，逐步向有基础、有特色、有比较优势的农业产业集中，为农产品品牌创造提供条件。农户和企业依托农业农村管理部门、科研院所、高等院校和农业企业等开展联合育种攻关和新品种引进筛选，加快推广应用一批适合稻渔综合种养和机械化生产的优质稳产、多抗广适水稻品种；并选育生长快、个体大、抗病强的蛙类良种。构建育繁推一体化的现代种业体系，推进标准化扩繁生产，提高良种覆盖率。

科技进步是发展特色农产品生产和加工的基本保证，也是其提高市场竞争力的关键因素和发展优势农产品的决定性因素。发展特色农业，开发特色农产品，必须广泛采用最新的、先进的、适用的

农业技术成果。要有重点地进行科研开发，加快引进、选育和推广优良品种，加速传统特色名优品种的更新换代，把种业当作推动区域特色农产品发展的先导产业来抓。加强成套生产技术的推广，着力解决好特色农产品开发生产中的各项关键技术，抓好特色农业科技示范园区（场、基地）建设，重点是新品种、新技术、新材料的引进、实验和组装配套。要根据不同类型的农业生态区，建立不同类型的特色农产品科技示范园，为农民运用新技术提供示范，使之成为区域特色农产品开发综合技术的成果转化基地和示范样板。

5. 设计推动创意农产品开发

随着我国农业的发展，农产品在市场中的地位得到提升，但农产品本身吸引力不足，发展创意农产品成为农业发展的重要渠道之一。我们需要基于农产品现状，通过品牌设计、包装设计、功能设计和营销设计来促使创意农产品吸引更多消费者，从而实现创意农产品的发展。

目前，随着人们生活水平的提高，很多人的消费理念已经从原来理性消费转变为感性消费。例如，消费者在购买农产品过程中并不像以往一样会对同类型农产品进行比较，而是更倾向于购买知名品牌的农产品。这说明品牌已经在消费者心中形成了一种认知，引导着消费者的消费行为。因此，在创意农产品开发中，相关部门可以通过创意农产品品牌设计，给消费者留下深刻印象，从而提升自身品牌的知名度。

四、产品定位

1. 品牌建设的重要性

农产品品牌是品牌概念在农产品中的延伸和运用，是农产品经营者及其产品产地和质量的识别标志，代表着农产品经营者的信誉及其对消费者的承诺，是无形资产。与工业品和其他服务产品品牌相比，农产品品牌主要有以下特点。首先，农产品品牌代表着农产品的自然属性。它与人类的健康息息相关，产品质量直接影响品牌价值的实现，需要实现农业产业化和标准化生产管理。其次，农产品品牌代表着自然资源禀赋优势。大多数农产品品牌的创立，常常以产地的特色资源为基础。自然资源禀赋优势是形成农产品品牌差异性及核心竞争力的关键所在。地理标志和证明商标是稀缺的和难以替代的资源。最后，农产品品牌价值受原创性技术影响大。由科技水平决定的质量和效率，成为提升农产品品牌价值的主导因素。因此，针对我国农产品品牌的主要特点，探讨我国农产品品牌战略定位和策略势在必行。

2. 打造专属品牌，明确产品定位

有了好的产品却没有市场一直都是困扰广大农户的一大问题，而其解决方法，则是注重品牌力量，构建属于农户和加工企业的优质品牌。

（1）品牌的命名　品牌名称不仅仅是一个简单的文字符号，它也是产品整体的化身，理念的缩影和体现。名称是品牌的基本核心要素，是品牌认知和沟通的基础。名称提供了品牌联想。一个理想的农产品品名应该注重色彩词的运用，一个有吸引力的农产品品名必须有自己的特色，鲜明而有感染力，避免被人模仿、伪造，以增强品牌的传播效果。农产品品牌命名往往源于特定的文化，具有特定的文化信息，反映不同的文化习俗与文化特征。因此，农产品品牌命名更应注意提高品牌的文化含量，注重特定的民族历史和特定的风土人情，通过其表达某种传统、某种品格、某种象征、某种信仰和某种价值观，更好地体现企业理念，满足公众的情感需要。在给农产品品牌命名时，还应注意其涵盖面要广，以利于品牌的延伸与扩展。

（2）根据消费者需求的品牌定位　现在消费者的市场消费能力越来越高，企业也开始转型。现在消费者对物质生活的追求标准越来越高，对自身的健康状况也越来越重视，打造绿色农产品，使产品达到"绿色、健康、无污染"，满足现在人们对健康方面的需求，因此企业在保证绿色农产品质量的同时也要建立属于自己的绿色农产品品牌，以此来满足消费者的消费观。

（3）根据创意文化层面的品牌定位　现在大多消费者已经不是单方面对物质追求了，在物质方面得到满足之后，又开始追逐在文化层面的需求。所以企业在营销过程中，要根据产品本地的地理特征、人文环境、资源优势及历史文化等对自己的品牌进行重新规划，要通过加强品牌创意文化来树立企业农产品的品牌形象，从而使消费者对农产品有更深层次的理解。企业要通过丰富农产品的品牌意识，来满足不同消费者对于高品质生活和精神文化层面的追求。

3. 发挥品牌力量，立足市场

吸引消费者下单，完成消费转化是供应链终端环节，采用图文、产地直播、短视频制作、合作推广等多种方式，全方位、多视角地诠释农产品，激发消费者的购买欲望。借鉴新零售理念，加大线上线下融合力度，多平台、多渠道、多举措扩大农产品规模。利用线下地理位置的优势和稳定的客流量及进货渠道，打通线下销售渠道。随着客流量增多，线上建立生鲜产品零售平台，实现线上线下融合发展。通过不同的电子商务运营思路结合社交媒介的传播，实现多渠道融合营销，提高农民收入，推动乡村振兴。

第三节　营销推广方法与技巧

一、加强品牌效应

良好的品牌效应能够使农产品在市场销售中具有一定的竞争力。如今人们对产品的质量越来越重视，产品的品牌效应一定程度体现了该农产品的实际质量，能够为种植户带来更多的经济收益，远远超过以往销售模式下所获得的收益。要培养一个具有竞争力的品牌，需要种植户结合农产品的特点，在形成一定规模后，再在网络信息平台上进行推广。推广时需要对农产品进行合理的分类，让消费者能够在第一时间对该农产品产生极大的兴趣。品牌的培养除了需要进行有效的推广，更关键的是产品的质量需要与同类产品的明显优势，如当地为该农产品的优生区，农产品在种植过程中未使用农药，属于健康产品等。结合当地的实际情况，将农产品的主要优势通过网络进行有效的推广，让产品品牌被越来越多的人熟知、认可，将会给该品牌农作物的营销带来极大的便利。

二、制定合理价格

对于求实、求廉心理很重的消费者，价格高低直接影响着购买行为。为满足消费者差异化的需求，要对产品进行分级分类，实行优质优价，低质低价。根据不同地区收入水平的差异进行价格调整策略，不仅有利于满足不同阶层、不同地区消费者差异化的需求，而且可以提高企业的收益。

农产品价格受国家宏观调控，为了规范市场秩序，避免一哄而起、盲目无序的现象出现，农产品生产者个人创新的余地不大。在对农产品定价过程中，主要考虑与其他营销策略的配合。在发挥价格杠杆作用的同时，一定要注意价格的真实性，让价格反映真实的市场供求状况。

价格是影响消费者购买农产品的第一因素，所以在保证农产品质量的同时，要制定合理的价格，来得到消费者的认可。另外，企业在品牌建立初期也可以通过物美价廉、产品质量优质等特点来引导消费者购买，拉近消费者与商品的距离，让消费者更好地接受农产品。

三、拓宽营销渠道

目前农产品的营销渠道，除了国家收购和交通便利的大中城市设立的农产品批发、零售市场外，在收购渠道上存在着零散、盲目的问题，缺少大的中间商和中介组织，产销衔接不畅，偏远地区出售农产品就更加困难。因此，要大力拓展农产品营销渠道，发挥中间商的作用。如有的地区采取的公司＋农户模式、合作社＋农户模式，都较好地解决了农产品销售的问题。既要建立有形市场网络，如生鲜超市、批发市场、配送中心等，又要建立无形市场网络，积极推行网上营销，实施电子商务。企业还要通过优化产品配送链，减少不必要的中间商，使其农产品的生产成本降低，从而降低农产品的价格，以此来引导消费者进行消费。

1. 打造电商特色品牌，扩大品牌效益

（1）互联网＋农业　现代农业应发挥互联网数据收集整合优势，生产端数据化实现集中化生产，统一产品分类、产能、品控、物流等，进行数据化管理。在互联网时代背景下，应利用信息的裂变式传播。借助互联网信息化技术的优势，通过各种电商平台及社交平台，实施全渠道营销战略，建立起自身良好的市场品牌，以取得最佳的品牌建设及营销成效，提高经济收益。

（2）品牌化＋数字化　品牌化与数字化相辅相成，数字化是品牌化建设的催化剂，起到推动作用。用数字化赋能农产品品牌打造可以发挥以下优势：①提高农产品生产基地数字化管理能力。打造农产品品牌应从生产源头入手，产品质量是基础，建立统一的农产品管理标准。通过农产品溯源管控系统记录存储农产品的生长及整个供应链过程的各种信息，使产品供应链的数据透明化，以此加大对农产品质量的严格把控。②数字化赋能农产品品牌的个性化打造。利用大数据、物联网等软硬件技术采集消费者行为数据，洞察消费者的消费行为，深入分析消费者的个性化需求，根据精准用户群体打造农产品并进行精准推送。③提高农产品数字化营销能力。数字化营销可采用线上线下全渠道营销策略，打造品牌网址，建立私域流量，全渠道获取目标客户。借助社交电商、线上网络平台等聚集客流，开展体验式营销，如试吃体验、乡村旅游、口碑营销、VR农场等。

2. 建设技术支撑平台

农产品电商未来应注重数字经济、优化产品产业链、新基建以及其他政策支持。由于农民的决策具有自主性和盲目性，时常因农产品交易信息滞后，出现无法规避农产品生产和市场需求脱节的问题。通过搭建农产品数字信息共享平台，实现农产品质量安全追溯并提高实时监管能力。获取电商平台相关大数据分析作为指导，依据消费数据，帮助农民做好产量规划和品牌建设规划。未来的数字商业时代是以销定产，推进农业供给侧结构改革。通过建立农产品消费大数据体系，分析电商用户覆盖地和线下渠道覆盖地农产品的销量，地方政府用全面的数据化管理，建立数字化体系。

四、产品促销

促销作为最有效的市场营销方式之一，企业可以以促销的形式引导消费者进行消费。企业在农产品销售点醒目的位置摆放产品标语，强调稻蛙综合种养所产出产品的优势。其次，要安排专业的销售人员或线上客服，对消费者进行深度讲解，加深消费者对农产品的了解，进一步激发消费者的购买欲。

五、政府扶持

农产品未来的发展离不开政府的大力扶持，需要政府加强企业对农产品生产技术的指导力度和培训力度，要全方面落实企业农产品生产标准和技术规范，更要加强企业管理，使企业建立农产品质量安全追溯制度，从源头上把握农产品的质量。另外，政府也要在农产品研究、资金、税收等方面加大扶持力度，为了农产品拥有良好的政策环境，政府要通过对新型产业生产经营主体的支持，使高企业在农产品生产方面的更标准、更机械、更先进、规模更大，从而可以提高企业的利润。此外，在提升农产品品牌效益方面，政府也要加大宣传力度，要适时开展品牌公益宣传活动，让消费者对农产品生产概念有更深入的了解，使消费者在购买农产品过程中打消疑虑。最后，政府积极要推动现代营销模式，可以定期开展国际交流或进行国际合作，从而提高我国农产品的国际竞争力和影响力。

　　坚持农村电商发展的战略地位，针对农产品特色电商品牌建设，政府要正确认识农产品电商品牌建设对农村发展的重要作用，与农业企业一起打造满足农民和消费者的农村电商平台。村政府要主动地通过实地调研和分析当地农产品特色，充分挖掘优质农产品，打造特色品牌。积极配合上级政府出台相关政府法规，支持农村电商经济发展，完善相关法律体系，全方位推动农村电商发展。地方政府还要制定适宜当地农村电商发展的政策，积极完善农村电商发展的公共服务机制，为农村电商发展提供良好的政策环境和市场环境。

　　还可以依靠政府通过举办"优质农产品展""优质农产品博览会"等营销推广活动，推出优质农产品品牌，扩大农产品品牌影响力，增加农产品销量，打造一批拿得出、叫得响的优质品牌，助力当地优质农产品走出去。

六、营销策略创新

　　一是产品策略方面。要加强农产品市场预测的理论与技术研究，通过实证探索农产品市场预测和产品定位的技巧，实现农产品的可持续发展。二是渠道策略方面。加强探索农产品营销的有效途径与体系，探索其建设技术。三是事件策略方面。探索事件宣传与产品营销巧妙结合的规律和技巧，实现宣传与产品营销的和谐统一和有机结合。四是水平营销策略方面。在农产品营销策略的应用上探索新的焦点和接点，创造出新的组合，营造新的卖点。

附录

一、稻蛙综合种养 HACCP 工作计划表

1	2	3	4	5	6	7	8	9	10
关键控制点	显著危害	关键限值	监控什么	怎么监控	监控频率	监控谁	纠偏行动	记录	验证
水质监控	病原；化肥污染；农药、渔药残留	水质应符合 NY 5051—2017 要求	水体颜色、pH、温度、氨氮含量、农药残留等指标	目测、试剂盒初测或送样至实验室检测	每天观察水体颜色与气味；每周试剂盒检测 1 次	技术员	及时对水体进行消毒或换水	日常水质监测记录	审核用水消毒记录；每月送水样至实验室检测 1 次

续表

1 关键控制点	2 显著危害	3 关键限值	4 监控什么	5 怎样监控	6 监控频率	7 监控谁	8 纠偏行动	9 记录	10 验证
肥料和饲料质量控制	肥料和饲料中的各配制成分、保存不当、氧化、易变质、受潮、易变质；使用或投喂过多容易污染水质	肥料应符合 NY/T 1868—2021 要求，饲料应符合 NY 5072—2021 要求	审查供应商名单、出厂合格证或检验报告单，使用与投喂剂量	审查核对；记录使用与投喂量	每一批肥料与饲料；每次使用与投喂	饲养员	拒收不合格料与饲料；使用未变质的肥料与饲料；若肥料与饲料不合格，及时转移、更换新水	肥料使用与饲料投喂日志	每周审核一次肥料使用与饲料投喂日志；审核每批应原料供应商出厂合格证或检验报告单
病虫害防控	农药与渔药成分、剂量、休药期	农药应符合 GB/T 8321.10—2018 和 NY/T 1276—2007 要求，渔药应符合 NY 5071—2002 和 SC/T 1132—2016 要求，并执行休药期规定	农药与渔药批准文号，药物使用剂量	药物入库、使用时检查，记录使用量	每一批药物；每次使用	技术员	拒用违禁药物；及时调整用药剂量；遵守休药期；若药物不合格或使用过多，及时更换新水	用药记录	每日审查用药记录；审核每批药物标签

二、稻蛙共生绿色生产技术规程

1 范围

本标准规定了稻蛙共生的术语和定义、产地环境、稻田改造、水稻栽培、黑斑蛙放养、共生管理及收获等技术。

本标准适用于江西省稻蛙共生绿色生产基地的应用。

2 规范性引用文件

下列文件对于本文件的应用是必不可少的。凡是注明日期的引用文件，仅所注日期的版本适用于本文件。凡是不注明日期的引用文件，其最新版本（包括所有的修改版本）适用于本文件。

NY/T 391 绿色食品 产地环境质量

NY/T 755 绿色食品 渔药使用准则

NY/T 1868 肥料合理使用准则 有机肥料

SC/T 1009 稻田养鱼技术规范

SC/T 1077 渔用配合饲料通用技术要求

SC/T 1135.1 稻渔综合种养技术规范 第 1 部分：通则

DB 34/T 1701 绿色食品 水稻生产技术规程

3 术语与定义

下更术语和定义适用于本标准。

3.1 稻蛙共生（rice black-spotted frog co-cultivation）

在种植水稻的田块中同时养殖黑斑蛙的一种综合种养结合模式。

3.2 沟坑（ditch and pit）

在稻田中开挖的集蛙坑（池）。

3.3 幼蛙（young frog）

蝌蚪变态后，尚未性成熟的蛙。

4 产地环境

符合 NY/T 391 规定的产地环境质量要求。

5　稻田改造

5.1　沟坑

沟坑应沿着稻田田埂内侧四周开挖一条宽 60 ~ 80 cm、深 30 cm 的环沟，或在田间挖宽 40 ~ 50 cm，深 30 cm 的"十"字沟，有条件环沟和"十"字沟均可开挖，并在稻田 4 个拐角处开挖一个长 3 ~ 5 m、宽 2 ~ 3 m、深 0.8 ~ 1.2 m 的坑。如果有需要，可在沟上修建一条宽 3 m 左右的机耕道，以方便机械作业。

5.2　筑埂

养蛙的稻田在放养前应对田埂进行改造，利用挖沟的泥土加宽、加高、夯实田埂，一般改造后的田埂高度应高出稻田平面 0.5 m 以上，稻田田埂的改造应符合 SC/T 1009 的要求。

5.3　食台

食台放置在田埂之上，一般由木条和网布构成，长方形，1.0 m × 1.5 m，网片规格 40 目；也可以直接把网布平铺在田埂上。

5.4　进排水设施

依地势落差设置安装进排水管道在对角线上，进水口建在田埂上，进水口用 20 目的长型网袋过滤进水，防止敌害生物随水流进入；排水口设在沟渠最低位置，可在排水口处用砖砌一个 4 ~ 6 m² 的尾水沉淀池。

5.5　防护设施

可利用 60 目或 80 目的尼龙网沿着田埂建造防逃隔离带，将尼龙网埋入田埂泥土中 20 cm，地面上保留 1.0 ~ 1.2 m 高，然后用竹竿或木桩或不锈钢钢管固定。另外，再用 1 m 高的黑色塑料薄膜覆盖尼龙网内侧，以防蛙跳跃撞到网上而擦破表皮感染病菌。有条件的，可以在养殖池上方架设距离地面 2.2 m 高的防鸟网，以防止白鹭等天敌入侵。

6　水稻栽培

6.1　品种选择

选择生长整齐、株形紧凑、茎秆粗壮、分蘖力中等、抗病抗虫、耐湿性强的中晚熟品种。

6.2 密度

在单季稻模式中,每年 5 月中旬至 6 月初种植水稻,可采用机插或人工移栽方式进行,操作按 DB 34/T 1701 规定的执行,一般每公顷插 12 万~18 万丛,每丛 2~3 株。

7 黑斑蛙放养

7.1 苗种选择

苗种应来源于有苗种生产许可证的苗种场,宜选用良种,蛙种要求选择体格健壮、健康无伤病、活动力强及相同规格的幼蛙入田。

7.2 放养时间

为防止蛙伤害稻株生长,幼蛙投放选择在插秧后 10~15 d,秧苗返青成活后进行。

7.3 放养方法

放养前幼蛙需要用 20~40 g/L NaCl 溶液浸泡 5~10 min 消毒。

7.4 放养密度

放养规格为 10~20 g 幼蛙 8~12 只 /m^2,或放养规格为 20~30 g 幼蛙 4~6 只 /m^2。

8 共生管理

8.1 共生

黑斑蛙和水稻具有天然的共生关系,稻蛙共生的技术要求和技术评价应符合 SC/T 1135.1 的要求。

8.2 水位控制

插秧后前期以浅水勤灌为主,田间水层不超过 3~4 cm;穗分化后,逐步提高水位并保持在 10~15 cm。

8.3 水稻施肥

稻蛙共作的稻田,应在旋耕时每公顷施入有机肥 15 000 kg,有机肥料应符合 NY/T 1868 规定的要求。

8.4 黑斑蛙饲养管理

每天早晚投喂配合饲料或黄粉虫、蝇蛆、蚯蚓等活饵料，诱蛾虫为辅。日投饵料为蛙体重的 3%～5%，以 30 min 摄食后略有剩余为宜。配合饲料质量应符合 SC/T 1077 的规定。

8.5 除草

禁用除草剂，需要人工拔除水稻田中少量的杂草。

8.6 水稻病虫害防治

稻田中的蛙可大量捕食昆虫，田间虫害较少，一般可不施农药。若发生严重病害，可采用生物制剂防治，或者采用高效、低毒、低残留、广谱性的农药，减少对蛙的危害。为了确保不伤害蛙，施药前最好将蛙诱集在蛙沟内进行隔离，待药效消失后，再撤除隔离。提倡安装太阳能诱虫灯、性诱捕器、栽种蜜源植物、香根草等，诱捕成虫或越冬螟虫，降低水稻病虫虫源基数，病虫害发生时按 SC/T 1009 的要求执行。

8.7 蛙病防治

蛙病防治参见附表 A，蛙病防治所需要的药物种类、用法、用量及注意事项，参照 NY/T 755 执行。

8.8 敌害防御

及时清除水蛇、水老鼠等敌害生物，驱赶鸟类。

9 收获

8 月开始成蛙可陆续捕捞上市，捕捞一般在夜间进行，用灯光照捕，以减少蛙的应激反应。

水稻收获前 1 个月排水搁田，搁田时，应缓慢排水，使蛙进入沟坑。水稻一般在 10 月底至 11 月上中旬采用收割机或人工收割，稻秆还田处理。黑斑蛙在沟坑中按市场需求抓捕或越冬。

附表 A　常见蛙病及防治方法

病名	发病季节	症状	防治方法
红腿病	5—9 月	病蛙精神不佳，低头伏地，或潜伏在水中不动、不食，腿底侧、内股甚至腹下皮肤出现红斑或红点，胃肠充血，肝、脾、肾肿大并有出血点	定期对水质进行消毒；定期添加复合维生素，提高免疫力；治疗时拌饵内服 10% 氟苯尼考 5 g/kg、复合维生素 3 g/kg，连续投喂 5 d；外用 10% 聚维酮碘 0.5 mg/L
烂皮病	4—6 月 9—10 月	病蛙头、背、四肢等处皮肤失去光泽，同时出现白斑，随后表皮脱落、腐烂，露出红色肌肉	0.5 mg/L 的 20% 戊二醛消毒，连续 3~5 d，同时拌饵内服 10% 盐酸多西环素 5 g/kg、复合维生素 4 g/kg、双黄连 5 g/kg，连续投喂 5~7 d
胃肠炎	4—10 月	病蛙食量明显下降或停止摄食，在池中瘫软无力，捕起时缩头弓背，解剖可见胃表皮有树枝状充血，胃黏膜出血，肠道外表发红，胃肠空	长期在饵料中添加有效益生菌、酵母菌进行预防；治疗时拌饵内服 10% 氟苯尼考 5 g/kg、复合维生素 3 g/kg，连续投喂 5 d
脑膜炎	7—10 月	病蛙精神不振，行动迟缓，食欲减退，歪头和眼球白内障是其典型症状；解剖可见腹腔大量积水，肝发黑肿大并有出血斑点，脾缩小，肠道充血	对蛙沟和蛙坑定期消毒；治疗时，外用 10% 聚维酮碘 1 mg/L，连续 3 d；拌饵内服 10% 氟苯尼考 5 g/kg、复合维生素 5 g/kg、双黄连 5 g/kg，连续投喂 5 d

参考文献

［1］常州市水产学会.名优水产品养殖实用新技术［M］.南京：东南大学出版社，2006.

［2］陈初尉.稻蛙共育生态稻作模式示范总结［J］.现代农业科技，2015，4（8）：266-267.

［3］陈俞，陶赛峰，朱梁.蛙稻生态种养模式的实践和探讨［J］.上海农业科技，2016（3）：139-140.

［4］邓正春，王朝晖，张忠武，等.稻蛙绿色生态种养技术［J］.作物研究，2019（S1）：21-22.

［5］樊捷.黑斑侧褶蛙形态地理变异的研究［D］.哈尔滨：东北林业大学，2015.

［6］范志刚.食用蛙高产养殖实用新技术［M］.长沙：湖南科学技术出版社，1994.

［7］费梁，叶昌媛，江建平.中国两栖动物及其分布彩色图鉴［M］.成都：四川科学技术出版社，2012.

［8］傅雪军，银旭红，李萍，等.江西省水产种业发展现状及建议［J］.江西水产科技，2019（5）：35-37.

［9］郭志文.食用青蛙高效养殖技术探究［J］.当代水产，2018，43（9）：89-93.

［10］何志刚，王冬武，徐永福，等.黑斑蛙肌肉营养成分分析及评价［J］.中国饲料，2018（17）：74-77.

［11］贺梦凡，阳汝昭，燕力豪.面向乡村振兴的农产品电商特色品牌建设研究［J］.福建电脑，2021，37（7）：65-67.

［12］蒋静，郭水荣，陈凡，等.稻蛙共生高效生态种养技术［J］.中国水产，2016（4）：73-75.

［13］李东奇，葛文光，张雪梅.农产品营销策略研究综述［J］.热带农业工程，2012，36（4）：49-55.

［14］李永庚，唐善清.浅谈湘南丘陵区持续高效种植模式开发的优势、问题与对策［J］.湖南农业科学，2001，4（2）：18-19.

［15］梁淡茹.蛙鳖养殖技术［M］.广州：广东高等教育出版社，1998.

［16］吕亚妮.浅谈乡村振兴建设下的农产品开发对策研究［J］.现代商业，2020，4（1）：142-143.

［17］汤艳玲.农产品行业市场营销策略分析［J］.广东蚕业，2021，55（3）：126-127.

［18］阎芳.绿色农产品的品牌定位与市场营销战略优化研究［J］.中国储运，2021，4（3）：167-168.

［19］占家智.稻田养殖蛙鳖［M］.北京：科学技术文献出版社，2017.

［20］张婷.通过设计推动创意农产品开发的策略探究［J］.艺术家，2021，4（4）：88-89.

［21］邹叶茂，张崇秀，石义付.青蛙养殖一本通［M］.北京：机械工业出版社，2019.

读者意见反馈

为收集对教材的意见建议,进一步完善教材编写并做好服务工作,读者可将对本教材的意见建议通过如下渠道反馈至我社。

咨询电话　 400-810-0598

反馈邮箱　 gjdzfwb@pub.hep.cn

通信地址　 北京市朝阳区惠新东街4号富盛大厦1座　 高等教育出版社总编辑办公室

邮政编码　 100029

防伪查询说明

用户购书后刮开封底防伪涂层,使用手机微信等软件扫描二维码,会跳转至防伪查询网页,获得所购图书详细信息。

防伪客服电话　 (010)58582300

黑斑蛙养殖基地外景

稻蛙综合种养基地（1）

稻蛙综合种养基地（2）

稻蛙综合种养基地（3）

黑斑蛙成蛙（1）

黑斑蛙成蛙（2）

黑斑蛙成蛙（3）

稻蛙共生

卵块孵化池

蛙卵

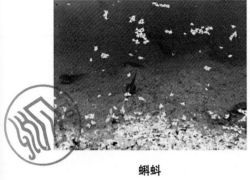

蝌蚪

蝌蚪培育池